"十二五"国家重点图书出版规划项目
水产养殖新技术推广指导用书

中国水产学会
全国水产技术推广总站 组织编写

鳗鲡高效生态

MANLI　GAOXIAO　SHENGTAI

养殖新技术

YANGZHI XIN JISHU

王奇欣　主编

U0195599

海洋出版社
2014年·北京

图书在版编目（CIP）数据

鳗鲡高效生态养殖新技术/王奇欣主编.
—北京：海洋出版社，2014.4
（水产养殖新技术推广指导用书）
ISBN 978 - 7 - 5027 - 8809 - 4

Ⅰ.①鳗… Ⅱ.①王… Ⅲ.①鳗鲡 - 生态养殖
Ⅳ.①S965.223

中国版本图书馆 CIP 数据核字（2014）第 037745 号

责任编辑：常青青
责任印制：赵麟苏

海洋出版社　出版发行

http://www.oceanpress.com.cn
北京市海淀区大慧寺路 8 号　邮编：100081
北京画中画印刷有限公司印刷　新华书店北京发行所经销
2014 年 4 月第 1 版　2014 年 4 月第 1 次印刷
开本：880 mm×1230 mm　1/32　印张：6.125
字数：159 千字　定价：20.00 元
发行部：62132549　邮购部：68038093　总编室：62114335
海洋版图书印、装错误可随时退换

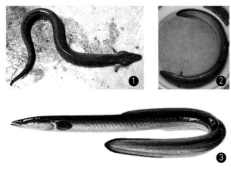

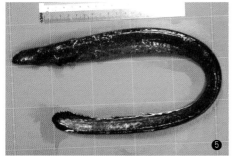

1. 日本鳗鲡
2. 欧洲鳗鲡
3. 美洲鳗鲡
4. 花鳗鲡
5. 2008年抓获的雄性亲鳗（一般鳗鱼呈黑色，亲鳗呈茶色）
6. 精巢发育成熟的雄性亲鳗
7. 鳗苗
8. 养鳗场
9. 加水拌料

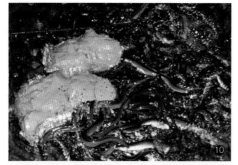

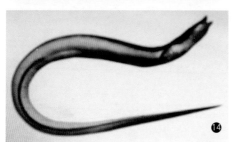

10. 调制成的饲料直接放入饲料台中
11. 室内精养池
12. 土池养殖
13. 诊断鳗病
14. 日本鳗鲡开口病外观症状
15. 患开口病死亡的鳗鲡口不能闭合
16. 狂游性死亡症的池内群体症状

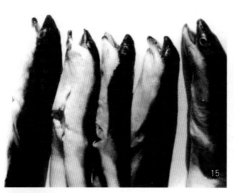

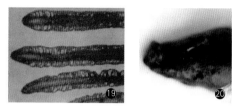

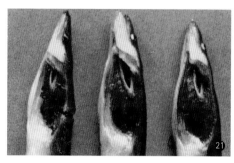

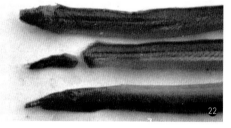

17. 狂游性死亡症鳗鲡躯体僵硬，口张开
18. 狂游性死亡症鳗鲡的下颚和腹部磨损
19. 鳃肾炎鳃切片：鳃丝棍棒化
20. 花椰菜病外观症状
21. 烂鳃病外观症状
22. 烂尾病外观症状
23. 爱德华氏菌病外观症状
24. 爱德华氏菌病解剖症状

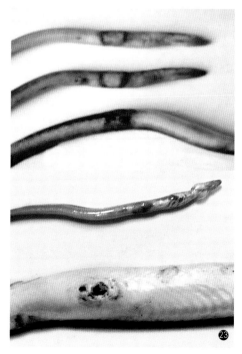

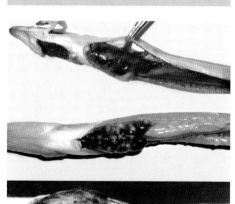

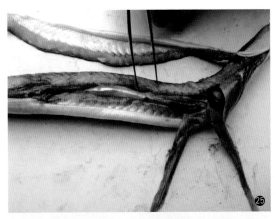

25. 肠炎病解剖症状：肠胃充血发
　　炎，胆囊肿大，脾脏肿大。肾
　　脏肿大发炎
26. 孤菌病外观症状
27. 孤菌病解剖症状
28. 脱黏病外观症状

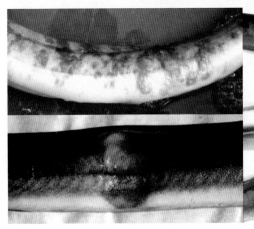

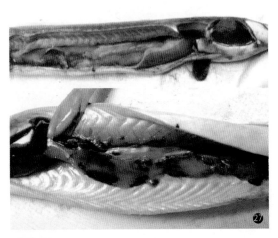

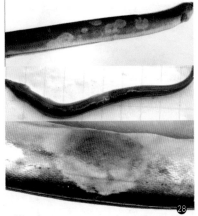

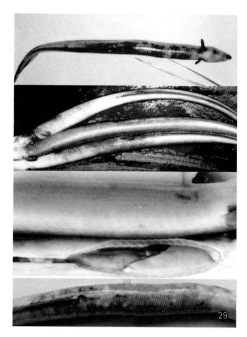

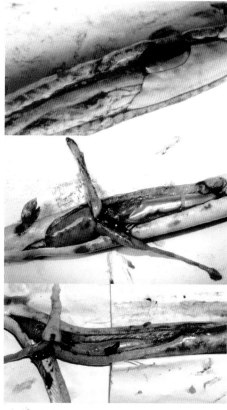

29. 败血症外观症状
30. 败血症解剖症状
31. 红头病
32. 赤鳍病

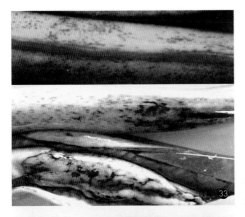

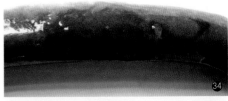

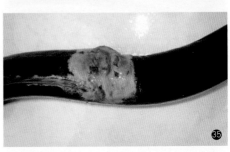

33. 赤点病
34. 腐皮病早期症状：体表黏液斑块状脱落
35. 腐皮病
36. 鳗鲡体表的水霉菌丝
37. 鳃霉病
38. 拟指环虫在鳃上寄生
39. 三代虫形态

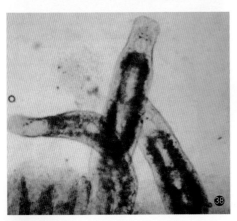

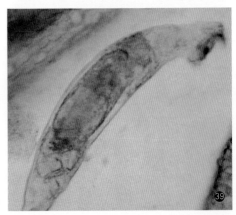

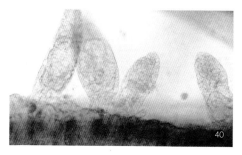

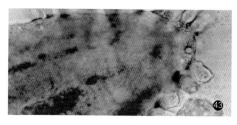

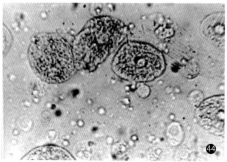

40. 三代虫在鳃上的寄生
41. 小瓜虫病（林天龙）
42. 车轮虫寄生在鳃上
43. 杯体虫大量寄生于鳗鲡鳃部（林天龙）
44. 黏液中的斜管虫（仿富永）
45. 寄生于鳗鲡鳃上的鱼波豆虫
46. 鳗鲡体表两极虫寄生处发炎
47. 微孢虫病

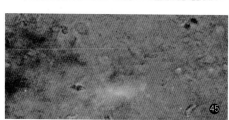

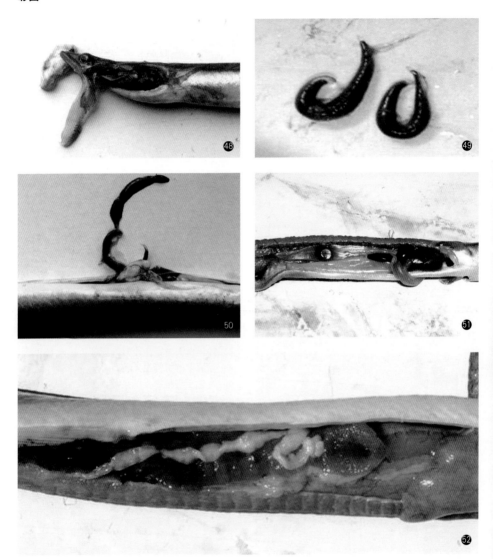

48. 肤胞虫在鳗鲡鳃部行程肉眼可见的白色
    胞囊
49. 鳗居线虫虫体
50. 寄生于鳗鲡鳔内的鳗居线虫
51. 鳗居线虫病
52. 寄生在鳗鲡肠道内绦虫
53. 感染绦虫的鳗鲡肝脏、脾脏肿大

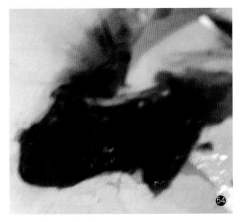

54. 锚头鳋在鳗鲡口腔大量寄生
55. 氨中毒
56. 重金属中毒
57. 有机磷中毒
58. 微生态制剂中毒

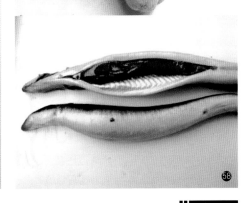

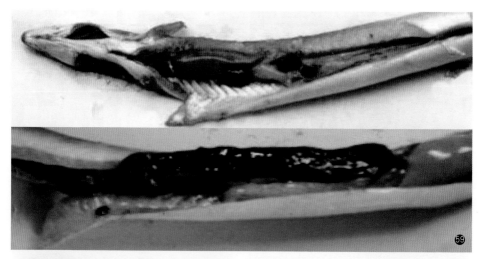

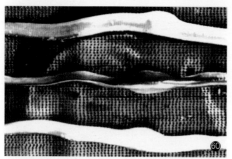

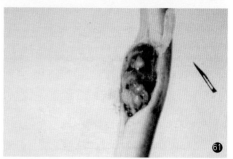

59. 鱼粉中毒
60. 肾肿瘤外观
61. 肾肿瘤解剖症状
62. 畸形
63. 茶色
64. 淡绿色

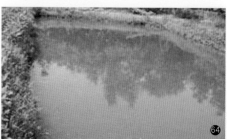

65. 油绿色
66. 黄绿色
67. 浓绿色
68. 蓝绿色或老绿色
69. 灰绿、灰蓝或暗绿色
70. 白鱼粉
71. 红鱼粉
72. 淀粉

彩图

73. 豆粕
74. 精制鱼油
75. 粗制鱼油
76. 蛋氨酸
77. 赖氨酸
78. 复合维生素
79. 复合矿物质
80. 粉状饲料
81. 膨化颗粒状饲料
82. 鳗鱼饲料成品

《水产养殖新技术推广指导用书》
编委会

丛 书 序

我国的水产养殖自改革开放至今,高速发展成为世界第一养殖大国和大农业经济中的重要增长点,产业成效享誉世界。进入 21 世纪以来,我国的水产养殖继续保持着强劲的发展态势,为繁荣农村经济、扩大就业岗位、提高生活质量和国民健康水平作出了突出贡献,也为海、淡水渔业种质资源的可持续利用和保障"粮食安全"发挥了重要作用。

近 30 年来,随着我国水产养殖理论与技术的飞速发展,为养殖产业的进步提供了有力的支撑,尤其表现在应用技术处于国际先进水平,部分池塘、内湾和浅海养殖已达国际领先地位。但是,对照水产养殖业迅速发展的另一面,由于养殖面积无序扩大,养殖密度任意增高,带来了种质退化、病害流行、水域污染和养殖效益下降、产品质量安全等一系列令人堪忧的新问题,加之近年来不断从国际水产品贸易市场上传来技术壁垒的冲击,而使我国水产养殖业的持续发展面临空前挑战。

新世纪是将我国传统渔业推向一个全新发展的时期。当前,无论从保障食品与生态安全、节能减排、转变经济增长方式考虑,还是从构建现代渔业、建设社会主义新农村的长远目标出发,都对渔业科技进步和产业的可持续发展提出了更新、更高的要求。

渔业科技图书的出版,承载着新世纪的使命和时代责任,客观上要求科技读物成为面向全社会,普及新知识、努力提高渔民文化素养、推动产业高速持续发展的一支有生力量,也将成为渔业科技成果入户和展现渔业科技为社会不断输送新理念、新技术的重要工具,对基层水产技术推广体系建设、科技型渔民培训和产业的转型提升都将产生重要影响。

中国水产学会和海洋出版社长期致力于渔业科技成果的普及推广。目前在农业部渔业局和全国水产技术推广总站的大力支持下,近期出版了一批《水产养殖系列丛书》,受到广大养殖业者和社会各界的普遍欢迎,连续收到许多渔民朋友热情洋溢的来信和建议,为今后渔业科普读物的扩大出版发行积累了丰富经验。为了落实国家"科技兴渔"的战略方针、促进及时转化科技成果、普及养殖致富实用技术,全国水产技术推广总站、中国水产学会与海洋出版社紧密合作,共同邀请全国水产领域的院士、知名水产专家和生产一线具有丰富实践经验的技术人员,首先对行业发展方向和读者需求进行广泛调研，然后在相关科研院所和各省（市）水产技术推广部门的密切配合下，组织各专题的产学研精英共同策划、合作撰写、精心出版了这套《水产养殖新技术推广指导用书》。

本丛书具有以下特点：

（1）注重新技术，突出实用性。本丛书均由产学研有关专家组成的"三结合"编写小组集体撰写完成，在保证成书的科学性、专业性和趣味性的基础上，重点推介一线养殖业者最为关心的陆基工厂化养殖和海基生态养殖新技术。

（2）革新成书形式和内容，图说和实例设计新颖。本丛书精心设计了图说的形式，并辅以大量生产操作实例，方便渔民朋友阅读和理解，加快对新技术、新成果的消化与吸收。

（3）既重视时效性，又具有前瞻性。本丛书立足解决当前实际问题的同时，还着力推介资源节约、环境友好、质量安全、优质高效型渔业的理念和创建方法，以促进产业增长方式的根本转变，确保我国优质高效水产养殖业的可持续发展。

书中精选的养殖品种，绝大多数属于我国当前的主养品种，也有部分深受养殖业者和市场青睐的特色品种。推介的养殖技术与模式均为国家渔业部门主推的新技术和新模式。全书内容新颖、重点突出，较为全面地展示了养殖品种的特点、市场开发潜力、生物学与生态学知识、主体养殖模式，以及集约化与生态养殖理念指导下的苗种繁育技术、商品鱼养成技术、水质调控技术、营养和投饲技术、病害防控技术等，还介绍了养殖品种的捕捞、运输、上市以及在健康养殖、无公害养殖、理性消费思路指导下的有关科技知识。

本丛书的出版，可供水产技术推广、渔民技能培训、职业技能鉴定、渔业科技入户使用，也可以作为大、中专院校师生养殖实习的参考用书。

衷心祝贺丛书的隆重出版，盼望它能够成长为广大渔民掌握科技知识、增收致富的好帮手，成为广大热爱水产养殖人士的良师益友。

中国工程院院士

雷霁霖

2010 年 11 月 16 日

前　言

鳗鲡，通常指鳗鲡目、鳗鲡科鱼类，广泛分布于全球热带、亚热带和温带地区。已鉴别分类的鳗鲡有 20 多种，目前进行人工养殖的鳗鲡主要有日本鳗鲡（Anguilla Japonica）、欧洲鳗鲡（Anguilla Anguilla）、美洲鳗鲡（Anguilla Rostrata）和花鳗鲡（Anguilla Marmorata）等。

鳗鲡俗称鳗鱼，又名鳗河鳗、白鳝，食用价值高，富含人体需要的氨基酸，维生素 A、维生素 E 的含量分别是一般鱼类的 60 倍和 9 倍，蛋白质含量大大高于鸡肉、猪肉，故有"水中人参"的美称，是水产养殖的重要对象之一。

鳗鲡养殖始于日本。1879 年，日本东京建塘试养。1952 年，中国台湾开始试养，1957 年后转为生产性养殖。中国内地的养鳗业从捕捞、出口鳗鱼苗开始，1972 年开始试养，由于养殖成本高，试验处于停滞状态。1979 年，随着改革开放的兴起，养鳗业在我国迅速崛起。

鳗鱼人工育苗问题仍未解决，养殖依靠采捕自然苗种，生产规模受苗种资源限制。当前，全世界鳗鱼养殖产量一年为 20 万吨左右，主要分布在亚洲和欧洲，其中亚洲占 90%。消费市场主要在日本，正常年份年消费 11 万～12 万吨。其中日本每年自产活鳗 2 万～2.5 万吨，其余主要从中国大陆和台湾进口。

我国拥有鳗鱼养殖业的自然地理优势，是世界上最大的鳗鲡生产国，年生产能力达 17 万～18 万吨。早期为单一水泥池精养模式，后发展土池养殖。此外，一些地方正在试验水库网箱、海水网箱、半咸水土池单、混养鳗鲡等各种不同的养殖模式。我国鳗鲡病害预报准确率达 90% 以上，防治技术日臻成熟。2002 年起，病害的研究从以病原生物研究和控制药物的研究为重点，转向注重可控生态养殖技术的发展，开辟了健康养殖之路。

本书汇编已有的研究文献、技术资料和经验，为水产养殖系列丛书的专辑之一。本书内容主要来源有：《鳗鲡病害整治图谱》、《图说鳗鲡疾病防治》、《水产养殖操作技能》、《水产养殖病害防治手册》及福建省海洋与渔业厅编纂的相关书刊。

福建省水产技术推广总站
国家公益性（农业行业）鳗鱼专项课题组
2013 年 4 月 23 日

目　录

第一章　鳗鲡的生物学特性 …………………………………… （1）
　　第一节　种类与分布 ………………………………… （1）
　　第二节　日本鳗鲡 …………………………………… （3）
　　第三节　欧洲鳗鲡 …………………………………… （4）
　　第四节　美洲鳗鲡 …………………………………… （5）
　　第五节　花鳗鲡 ……………………………………… （5）
　　第六节　繁殖研究 …………………………………… （6）

第二章　鳗苗的捕捞与管理 ………………………………… （10）
　　第一节　鳗苗的捕捞 ………………………………… （10）
　　第二节　暂养和运输 ………………………………… （12）
　　第三节　鳗苗的鉴别 ………………………………… （13）
　　第四节　鳗苗的资源管理 …………………………… （16）

第三章　鳗场建设 …………………………………………… （20）
　　第一节　养殖环境的基本要求 ……………………… （20）
　　第二节　养殖设施要求 ……………………………… （21）

第四章　鳗鲡养殖技术 ……………………………………… （27）
　　第一节　鳗鲡养殖的技术要素 ……………………… （27）
　　第二节　不同养殖阶段的具体方法 ………………… （29）

第五章　鳗鲡的病害防治 ……………………………………… （45）

　　第一节　鳗鲡病害发生的原因 ……………………………… （45）

　　第二节　鳗病的防治原则 …………………………………… （46）

　　第三节　鳗病的简易诊断与治疗 …………………………… （47）

　　第四节　鳗鲡常见疾病 ……………………………………… （48）

　　第五节　渔用药物的定义与使用原则 ……………………… （99）

　　第六节　常见病分析 ………………………………………… （100）

第六章　鳗鲡养殖水质检测与调控 …………………………… （103）

　　第一节　鳗鲡对水质的要求 ………………………………… （103）

　　第二节　水质检测方法 ……………………………………… （104）

　　第三节　水质检测工具 ……………………………………… （107）

　　第四节　检测技术与调控措施 ……………………………… （107）

　　第五节　鳗鲡养殖中水质调节的典型案例 ……… （121）

第七章　鳗鲡的营养需求及饲料配制 ………………………… （125）

　　第一节　鳗鲡饲料的特性 …………………………………… （125）

　　第二节　鳗鲡的营养需求 …………………………………… （126）

　　第三节　鳗鲡饲料的主要原料 ……………………………… （128）

　　第四节　鳗鲡饲料的品质 …………………………………… （131）

　　第五节　鳗鲡饲料的技术要求 ……………………………… （135）

　　第六节　鳗鲡饲料的质量判断 ……………………………… （138）

第八章　鳗鲡加工与出口 ……………………………………… （139）

　　第一节　烤鳗的加工 ………………………………………… （139）

　　第二节　烤鳗加工工艺流程 ………………………………… （143）

　　第三节　烤鳗的安全卫生标准 ……………………………… （148）

附　录 ……………………………………………… （151）

　　附录1　鳗鲡 …………………………………… （151）

　　附录2　鳗鲡鱼苗、鱼种质量 ………………… （153）

　　附录3　鳗鲡养殖产地环境要求 ……………… （154）

　　附录4　鳗鲡养殖技术规范……………………… （156）

　　附录5　无公害食品　欧洲鳗鲡精养池塘养殖技术规范

　　　　　………………………………………… （157）

　　附录6　渔用药物使用和禁用渔药 …………… （159）

第一章　鳗鲡的生物学特性

内容提要：种类与分布；日本鳗鲡；欧洲鳗鲡；美洲鳗鲡；花鳗鲡；繁殖研究。

第一节　种类与分布

在生物学分类中，鳗鱼属于动物界（Animalia），脊索动物门（Chordata），辐鳍鱼纲（Actinopterygii），鳗鲡目（Anguilliformes），是鳗鲡目分类下的物种总称，为一类具有鱼的基本特征，外观类似蛇形的鱼类。

鉴别鳗鱼的种类主要是根据背鳍前端基部至肛门的距离与体长的比例以及脊椎骨数、鳃条骨数、胸鳍条数、头长和齿状数等。已知鉴定分类的鳗鱼有：日本鳗鲡（*Anguilla japonica*）、欧洲鳗鲡（*A. anguilla*）、奥克兰鳗鲡（*A. aucklandii*）、澳大利亚鳗鲡（*A. australis australis*）、短鳍澳大利亚鳗鲡（*A. australis occidentalis*）、新澳鳗鲡（*A. australis schmidti*）、孟加拉鳗鲡（*A. bengalensis bengalensis*）、东印度洋鳗鲡（*A. bengalensis labiata*）、双色鳗鲡（*A. bicolor bicolor*）、太平洋双色鳗鲡（*A. bicolor pacifica*）（又称二色鳗）、短头鳗鲡（*A. breviceps*）、苏拉威西鳗鲡（*A. celebensis*）、大鳗鲡（*A. dieffenbachii*）、福州鳗鲡（*A. foochowensis*）、内唇鳗鲡（*A. interioris*）、印尼鳗鲡（*A. malgumora*）、花鳗鲡（*A. marmorata*）（又称鲈鳗）、毛里求斯鳗鲡（*A. mauritiana*）、大口鳗鲡

（*A. megastoma*）、莫桑比克鳗鲡（*A. mossambica*）、云纹鳗鲡
（*A. nebulosa*）、乌耳鳗鲡（*A. nigricans*）、灰鳗鲡（*A. obscura*）、雷
恩东澳鳗鲡（*A. reinhardtii*）（又称宽鳍鳗鲡）、美洲鳗鲡
（*A. rostrata*）、中华鳗鲡（*A. sinensis*）。

　　鳗鱼主要分布在大西洋、太平洋和印度洋区域。除了欧洲鳗鲡
及美洲鳗鲡外，全世界的鳗鱼主要生长于热带及温带地区水域。
鳗鱼在陆地的河川中生长，成熟后洄游到海洋中的产卵地产卵，
一生只产一次卵，产卵后即死亡。鳗鱼的这种生活模式，与鲑鱼
的溯河洄游性（anadromous）相反，称为降河洄游性（catadrou-
mous）。

　　鳗鱼的生活史分为 6 个不同的发育阶段，为了适应不同环境，
不同阶段的体型及体色都有很大的改变。

　　（1）卵期（egg – stage）　位于深海产卵地。

　　（2）柳叶鳗（leptocephalus）　在大洋随洋流长距离漂游，此
时身体扁平透明，薄如柳叶，便于随波逐流。

　　（3）玻璃鳗（glass eel）　在接近沿岸水域时，身体转变成流
线型，减少阻力，以脱离强劲洋流。

　　（4）鳗线（elvers）　进入河口水域时，开始出现黑色素，形
成养殖业鳗苗的捕捉来源。

　　（5）黄鳗（yellow eel）　在河川的成长期间，鱼腹部呈现
黄色。

　　（6）银鳗（silver eel）　在成熟时，鱼身转变成类似深海鱼的
银白色，同时眼睛变大，胸鳍加宽，以适应洄游至深海产卵。

　　鳗鱼的性别是后天环境决定的，族群数量少时，雌鱼的比例会
增加，反之，则减少，整体比例有利于族群的增加。

　　尽管鳗鱼种类繁多，可称为一个"多民族的社会"，但已开展
深入研究，并通过人工养殖进行开发利用的种类为数不多，目前
进行开发的主要是日本鳗鲡、欧洲鳗鲡、美洲鳗鲡、澳洲鳗鲡、
太平洋双色鳗鲡和花鳗鲡等。另外，有一些品种也在试养，尚未
形成生产能力。不同品种的鳗鱼存在形态与习性区别，下面重点
列述人工养殖的主要品种。

第二节　日本鳗鲡

日本鳗鲡，英文名为 Japanese eel，为辐鳍鱼纲，鳗鲡目，鳗鲡亚目，鳗鲡科的其中一种，分布于日本至菲律宾间的亚洲大陆及岛屿的河川溪流。鱼体呈圆柱形，头部呈锥形，但肛门后的尾部则稍侧扁。鳞片细小，背鳍及臀鳍均与尾鳍相连。胸鳍位于鳃盖后方，略呈圆形。鱼体背部深灰绿色或黑色，腹部白色，无任何斑纹，体表无任何花纹（彩图1）。成年体长可达 400～900 毫米，最大的长达 1 500 毫米。属于降海产卵的洄游性鱼类。

日本鳗鲡生长发育期一般为 3～6 年，长的可达 20 年，在淡水中，性腺大多停留在早期发育阶段。体长 270～440 毫米的个体，性腺难辨雌雄；体长 450 毫米以上个体的性腺仍未很好发育，卵巢为分支锯齿状，透明无色；体长 700 毫米、体质量 600 克以上个体的卵巢才呈肉红色，卵粒边缘出现部分卵黄沉积。背部黑色、体侧淡黄色、腹部淡红色的亲鳗，在 9—10 月份从江河中回归大海，每天前进 13～70 千米，最快时达到 100 千米，5—6 月份到达太平洋马里亚纳海沟，在水深为 300～500 米、水温为 16～17℃、盐度为 35 的海域产卵。在洄游中性腺才逐渐成熟。从降海开始便停止进食，消化器官逐渐萎缩，肝脏变小，体脂减少，体内营养物质渐为性腺发育和生殖洄游所消耗。雌鳗怀卵量为 700 万～1 200 万粒。产卵后亲鱼死亡。受精卵在 300～500 米深的海中孵化成为柳叶状的长度约为 6 毫米的柳叶鳗，随着海流向西方慢慢上浮至 100～300 米深的水层，漂流至我国台湾省东南方，乘黑潮北上，经过 1 年左右到达4 000千米外的中国、韩国和日本沿海。接近陆地时，受新的环境条件刺激，变成白色透明的白仔鳗苗。白仔鳗苗由被动漂流逐步过渡到主动向淡水水域洄游，埋潜于河口附近的石砾下和底泥中，11—12 月份开始随潮汐溯河。2—4 月份，在中国江河下游的水温与近海水温接近时，顺着涨潮流溯河而上。水温在 10～20℃ 时为溯河盛期。日本鳗鲡到达淡水水域后，开始摄食生长，逐渐发育成黑仔鳗苗。

第三节　欧洲鳗鲡

欧洲鳗鲡，英文名为 European eel，为辐鳍鱼纲，鳗鲡目，鳗鲡亚目，鳗鲡科的一种，分布于大西洋的地中海、波罗的海、北非的摩洛哥、斯堪的纳维亚半岛等海域。鱼体圆而细长，下颌比上颌长；鳞片隐藏在皮肤之下；鳃孔在圆形的胸鳍前；幼鱼背部体色为橄榄色或灰褐色，腹部为银色或银黄色；成鱼的背部黑灰绿色，腹部为银色；延长的背鳍与臀鳍、尾鳍汇合，形成一个独特的鳍，从肛门到背部中央至少有 500 个软鳍条。背鳍起点在胸鳍后方远处；臀鳍止于肛门后面（彩图 2）。体长普遍为 600 ~ 800 毫米，极少长于 1 米。脊椎骨数为 110 ~ 119。为一种蛇状、降河产卵（也称为降海产卵）的洄游性鱼类。

欧洲鳗鲡幼鳗、成鳗栖息于河川、河口、潟湖，喜钻洞潜居，以虾、蟹、贝、海虫为食。每年秋季成熟的鳗鱼，其眼径变大，内脏萎缩，生殖腺肥大，体色由黄褐色变为银灰色，开始为长途的产卵洄游做准备，多在没有月亮的夜晚，由河川降海再到大西洋的马尾藻海 400 米深的水下繁育后代。春季和夏初，受精卵孵化后，幼体（柳叶鳗）随潮流向欧洲陆岸迁移。幼鳗在漂流过程中以浮游生物为饵料，经历了一系列的幼体发育、变态、生长阶段，在进入大陆坡时，已经成为透明的幼鳗，被称为玻璃鳗。当水温上升到 6 ~ 8℃ 时，它们则穿越咸、淡水的交界处，进入了淡水水域，在水温上升到 10 ~ 12℃ 时，即开始摄食，体色开始形成，这个时期被称为黄鳗。黄鳗继续溯河而上，捕食饵料，继续生长。6 ~ 8 年之后，性开始成熟，这时开始向大海进行生殖洄游。近期研究显示，欧洲鳗鲡和日本鳗鲡均有部分族群并未迁移至淡水，而是一直生活在海洋或入海的栖息处。

20 世纪 70 年代开始，欧洲鳗鲡资源明显锐减。2007 年 6 月召开的第 14 届"濒危野生动植物种国际贸易公约"缔约国大会上，欧洲鳗鲡被列入"濒危野生动植物种"，2009 年 3 月 13 日起正式实施"濒危野生动植物种"管理。

第四节　美洲鳗鲡

美洲鳗鲡，英文名为 American eel，为辐鳍鱼纲，鳗鲡目，鳗鲡亚目，鳗鲡科的一种，分布于西大西洋，包括拉布拉多半岛、美国、巴拿马、西印度群岛、加勒比海等水深为 0 ~ 464 米的海域，体长可达 1 520 毫米，背部为棕色，腹部为茶黄色，头部细小尖锐，眼小而凸出，牙齿锐利，但无腹鳍（pelvic fin），与欧洲鳗鲡十分类似，但两者的染色体及脊椎骨（vertebra）数目都不相同（彩图 3）。美洲鳗鲡脊椎骨数为 103 ~ 111，适宜水温为 18 ~ 28℃，最适生活温度为 20 ~ 28℃。美洲鳗鲡为一种蛇形身体的降河洄游生殖鱼类。

美洲鳗鲡喜爱晚间猎食，日间则在泥土、沙或沙砾中隐藏。雌性鳗鱼每年可产卵 400 万粒左右，产卵后便死亡。卵在海中漂浮，9 ~ 10 个星期孵出幼苗。幼鳗鱼孵出后向北美移动，进入淡水水系成长发育。自然状况下，美洲鳗鲡进食死鱼、无脊椎动物，非常饥饿时会进食同科的动物。

第五节　花鳗鲡

花鳗鲡，英文名为 marbled eel，又称鲈鳗、溪鳗、雪鳗、鳝王、乌耳鳗，为辐鳍鱼纲，鳗鲡目，鳗鲡亚目，鳗鲡科的一种，分布于印度洋和太平洋。

在我国，花鳗鲡分布于长江下游、闽江下游和海南岛等地，浙江南部的瓯江、飞云江及灵江水系也是它的主要产区之一，大多见于江河中、下游及支流，尤其是瓯江支流楠溪江的分布数量较多。

花鳗鲡是鳗鲡类中体型较大的一种，体长一般为 331 ~ 615 毫米，体质重为 250 克左右，但最重的可达 30 千克以上。身体延长呈棒状，腹鳍前的躯体呈圆筒形，后部稍侧扁，很像硕大的鳝鱼，故俗称"鳝王"。花鳗鲡的头较长，呈圆锥形，口较宽，吻较短，尖而呈平扁形，位于头的前端，下颌凸出较为明显。舌长而尖，前端游离。口裂稍微倾斜，后延可以到达眼后缘的下方。上下颌及犁骨上均具细齿。唇较厚，上、下唇两侧有肉质的褶膜。眼睛较小，位于头的侧上方，为透明的被膜所覆盖，距吻端较近。鼻孔有两对，前、后分离，前鼻孔呈管状，位于吻端的两侧，后鼻孔呈椭圆形，位于眼睛的前缘。鳃发达，鳃孔较小而平直，沿体侧向后延伸至尾基的正中。体表极为光滑，有丰富的黏液。背鳍、臀鳍均低而延长，并与尾鳍相连。胸鳍较短，近圆形，紧贴于鳃孔之后。没有腹鳍。肛门靠近臀鳍的起点。尾鳍的鳍条较短，末端较尖。鳞较为细小，各鳞互相垂直交叉，呈细纹状，埋藏于皮肤的下面。身体背部为灰褐色，侧面为灰黄色，腹面为灰白色。胸鳍的边缘呈黄色，全身及各个鳍上均有不规则的灰黑色或蓝绿色的块状斑点（彩图 4）。体内的鳔有 1 个室，较厚。肠却较短，仅为其体长的 0.3～0.4 倍。脊椎骨有 112～119 枚。

花鳗鲡性成熟后群集于河口处入海，到远洋中去产卵繁殖，是典型的降河性洄游鱼类。在福建省九龙江，每年 3—7 月份，花鳗鲡在河溪中营穴居生活。当 10—11 月份刮西北风的时节，即开始往河口移动，入海繁殖。花鳗鲡的产卵场约位于菲律宾南、斯里兰卡东和巴布亚新几内亚之间的深海沟中。生殖后亲鱼死亡，卵在海流中孵化，孵出的幼体慢慢向大陆浮游，在进入河口前变成像火柴杆一样的白色透明鳗苗，返回淡水江河溪流中发育成长。

花鳗鲡白天通常隐居在洞穴之中，夜晚才出来活动、捕食。主要以鱼类、虾类、贝类、蠕虫等动物为食，较为凶猛。可较长时间离开水中，到湿草地和雨后的竹林及灌木丛内觅食。花鳗鲡现为我国国家 Ⅱ 级保护野生动物。

第六节 繁殖研究

鳗鲡经济价值高，是一种典型的优质鱼类，过度捕捞天然资源迅速造成严重的资源衰退。1969 年日本的野生鳗鲡捕获量曾达 3 200吨，1999 年则下降至 817 吨，30 年间下降了 74.5%，至

2008年又降至272吨。1970年，欧洲鳗鲡苗种资源量约为1 500吨，2006年下降至200吨，只有原来的1%～5%。为满足市场需求和保护自然资源，鳗鲡繁殖研究很早就受到人们的高度重视。

鳗鲡的繁殖研究从寻找产卵场开始。自1930年起，日本就已经开始寻找工作。1934年，法国科学家也开始从事欧洲鳗鲡的催熟试验。20世纪60年代，日本建造了一艘1 000多吨的"静丸"号调查船专门寻找鳗鱼的海中产卵场，进行大规模的人工繁殖研究。由于鳗鲡习性奇特，对其产卵场的认识尚无定论。早期曾认为日本鳗鲡的产卵场是在我国台湾省东方海域，后又认为在台湾省西南海域应该另有一个产卵场，很长时间里没有得出确切的研究结果。此后，采用卫星、雷达遥控监测，各种方法都用上了，可是到了一定时期，研究对象还是从荧屏上消失，不知道躲到哪儿去了。在生物界，鳗鲡始终充满神秘的色彩。

2005年6月份，日本东京大学海洋研究所的学术调查船在马里亚纳群岛西部海域采集到了一批眼睛、嘴巴都还未形成的刚刚孵化出的幼体，体长为4.2～6.5毫米。经DNA检查，确认其中部分幼体属于"日本鳗鲡"。进而进行"内耳组织"研究，认定这些幼体孵化时间为2～5天，产卵场位于北纬14°、东经143°的马里亚纳海域的礁石带。

对欧洲鳗鲡、美洲鳗鲡、花鳗鲡等主要养殖品种的产卵场和繁殖进行干预，各国都曾做过不同程度的研究。有研究报告指出，每年秋季，成熟的欧洲鳗鲡其眼径变大，内脏萎缩，生殖腺肥大，体色由黄褐色变成银灰色，从此进入产卵洄游阶段。一般在没有月亮的夜晚由河川降海，游至大西洋的马尾藻海400米水深处产卵繁殖。我国海南大学海洋学院也于2007年通过肌肉注射雄性荷尔蒙（HCG）的处理方式，成功诱导雄性花鳗性腺成熟。因为日本鳗鲡苗种采捕量大半以上在我国的河川入海口，因此，它也是我国的主要养殖品种。下面重点介绍日本鳗鲡繁殖研究的相关情况。

研究认为，日本鳗鲡雄鳗常在河口成长，雌鳗上溯进入江河的干流中成长。每年秋末冬初，雌鳗大批向河口移动，并随同在河口生活的雄鳗游向外海产卵场。在洄游中，性腺逐渐成熟。日本鳗鲡降海伊始便停止进食，消化器官逐渐萎缩，肝脏变小，体脂减少，体内营养物质渐为性腺发育和生殖洄游所消耗。开始发情时，雄鳗追逐雌鳗，至发情高潮时，雌鳗加大游泳摆动幅度，在较小范围内上下往返急游，在水面稍下区域边游边产卵，雄鳗尾随排精，受精卵呈透明球形。产卵时间一般在04：00—06：00。在海水盐度为23.0～29.8、水温为18.5～24.5℃范围内均能产卵。鳗鲡为一次产卵，体长为360～920毫米的雌鳗怀卵量为700万～1 200万粒，产卵后死亡。实验室人工催产的亲鳗鱼产卵后在海水或淡水中仍能正常摄食和生存。卵浮性，卵径约为1毫米。在水温为24～24.5℃时约经35小时孵出仔鱼。初孵出的仔鱼体长约为3毫米，全身透明。稍后，仔鱼变为柳叶状，又称柳叶鳗或叶状幼体。在海中孵出的仔鱼逐渐向表层上升，体长为7～15毫米时多分布在水深为100～300米的中层，随着体长的增长逐渐上升到水深为30米的上、中层生活，并有昼夜垂直移动现象，即白天游动于30米水层，夜间上浮表层。这时仔鱼随表层海流从产卵场向各方向游散，摄食海洋浮游生物。日本鳗鲡孵化后1年左右开始游向大陆，秋季、冬季在近岸地区变态为幼鳗，此时体白色略透明，称为"白仔鳗苗"。刚变态的"白仔鳗苗"埋潜于河口附近的石砾下和底泥中，11—12月份开始随潮汐溯河。2—4月份在中国江河下游的水温与近海水温接近时，幼鳗开始大量溯河，水温在10～20℃时为溯河盛期。溯河多在夜间涨潮时进行，至黎明时结束。幼鳗趋光。随着鱼体黑色素增加，"白仔鳗苗"渐变为"黑仔鳗苗"。

鳗鲡溯河成长过程中，能越过略湿润的土地，进入江河的干支流和与河流相通的湖泊，少部分直达江河上游，如金沙江、岷江、嘉陵江及闽江的建瓯段及其上游地区。

鳗鲡经济价值非常高，被人们称作"水中的软黄金"。与该资源关系密切的国家投入了大量的人力、物力对其进行人工繁殖研究。但由于鳗鱼习性奇特，先是在海水中产卵成苗，后又进入淡水成长，鳗鱼从产卵场洄游到河口水域，花费长达半年的时间，而且历经一连串的发育阶段变化以及不同的海洋环境。若要还原这些过程，必须耗费大量的人力、物力以及长时间的海上搜集，才能模拟出其发育阶段的变化及洄游过程。人工繁殖研究一直是国际水产生物学界的难题，甚至被称为生物学中的"哥德巴赫猜想"。1964年，法国巴黎自然博物馆馆长福恩太努用人工催熟的办法，第一次获得欧洲鳗鲡的幼苗。

作为鳗鱼消费的主要市场，日本对解决鳗鱼人工繁殖的需求最为迫切。1960年，日本开始对日本鳗鲡进行人工催产研究。1973年，日本北海道大学的研究人员通过使用类固醇（DHP）来诱发产卵，使用雄性荷尔蒙（HCG）诱发排精，成功孵出了仔鱼。用鲨鱼卵干燥粉和磷虾萃取液作为饵料进行饲养也取得很好的效果。但因无法稳定地获得成熟卵和精子，饵料构成机理尚不明确，仍然无法饲养到"白仔鳗苗"阶段。

我国天津水产技术研究所陈惠彬研究员从1959年就开始坚持这一课题研究，着力解决"成苗不成活"的难题。厦门水产学院（现集美大学水产学院）、上海水产学院（现上海海洋大学）也都相继通过人工催熟、催产孵出了仔鳗，在人工繁殖上取得一定进展，但仔鳗存活时间都未超过1个月。

目前，鳗鱼人工繁殖技术可以从卵孵化阶段养到黄鳗阶段，但柳叶鳗需耗时200天才会变态，比起天然的100天左右要长很多，而且成功率不高。特别是繁殖成本过高，用于实际养殖不太现实，实现商业化生产还存在很多问题。所以，养殖的鳗苗仍然依靠天然采捕（彩图5，彩图6），天然苗种资源丰歉不定，严重制约着鳗鱼业的发展。

第二章　鳗苗的捕捞与管理

内容提要：鳗苗的捕捞；暂养和运输；鳗苗的鉴别；鳗苗的资源
管理。

第一节　鳗苗的捕捞

　　鳗苗是养殖的基础。在未能人工繁殖的情况下，根据它的溯
河规律，采捕天然苗种仍是鳗鱼养殖取得苗种的唯一途径。采捕
鳗苗要在相应的季节，在各江河的入海口和岛屿四周捕捞。不同
种类的鳗苗有着不同的习性规律，本章主要以日本鳗鲡苗为对象
进行叙述。

　　日本鳗鲡分布于日本至菲律宾间的亚洲大陆及岛屿的河川溪
流。在我国，南自北部湾，北至渤海湾的辽河和鸭绿江，几乎都
有鳗苗。产量以长江口最高。

一、捕捞季节

　　日本鳗鲡苗从海洋进入淡水的溯河期一般在 10 月中旬至翌年
6 月。受水温、潮汐等自然因素影响，日本鳗鲡的汛期呈自南向北
推移的特点，大致如表 2 - 1 所示。

表 2 - 1　我国各地鳗苗汛期

地　区	鳗苗出现时间	鳗苗旺发时间	鳗苗汛期结束时间
台湾省西海岸	10 月中旬	1—2 月份	3 月份
广东省	11 月底到 12 月初	1 月份	3 月下旬至 4 月初
福建省	1 月上旬	1 月下旬至 2 月份	4 月份
浙江省	1 月下旬至 2 月份	3 月中下旬至 4 月份	5 月上旬
上海市和江苏省	2 月初	4 月份	5 月中、下旬
鸭绿江口和辽河口	3 月中、下旬	4—5 月份	6 月份

影响鳗苗汛期的因素有以下几点。

（1）**与产卵场的距离**　离产卵场近的地区比远的地区早见苗。

（2）**水温**　鳗苗溯河活跃期的最低水温是 8℃，最适水温为 12℃。高于 8℃时开始溯河洄游，河口的水温稳定在 10℃ 以上时，为鳗苗溯河盛期。当河水与海水的温度越接近时，鳗苗溯河量越大，两者温差过大时，会影响鳗苗的上溯。

（3）**光线**　鳗苗对光线的反应很敏感。午夜前，呈躲避强光状态，但在弱光时，又呈趋光性，午夜后趋光性降低。因此，日落后至午夜前溯河量最大，午夜后逐渐减少。

（4）**环境**　在有水闸限制江河水流向大海的地方，江河水的流量影响鳗苗的溯河量，流量越大，鳗苗越多。洪水期鳗苗可成批群集溯河于缓流处，因而昼夜可捕，有涡流回流或流水太急、太深的地方鳗苗很少。

（5）**潮汐**　鳗苗溯河洄游的数量随着潮汐的涨落发生变化，一般在日落后开始涨潮的 1～3 小时溯河量达到高峰。此外，大潮时多于小潮时。

（6）**时间**　在一天中，鳗苗的溯河量以日落后的 1～2 小时为最多，3～6 小时后即停止。因此，落潮时间如果是在日落后 1～2 小时，其溯河量为最大。

（7）**其他因素**　日落时天空云量的多寡也会带来一定的影响，过大的风也会减少溯河量。此外，由于鳗苗对盐分的减少十分敏感，因此，凡河口有大量淡水注入的地方，鳗苗更为集中。

二、渔具渔法

捕捞鳗苗的工具可用抄网类的长柄捞海、三角抄网和船抄网，拉网类的可用三角拉网、长方形拉网，张网类的可用罩网、船张网、闸张网和大张网。网衣用 16～32 目的聚乙烯或尼龙筛绢制成。一般在河口上下 1～2 千米处敷设采捕。主要渔法有以下几种。

①利用鳗苗的趋光性，在晚上用灯光诱引，在堤岸边用手抄网捕捉。

②在闸门外选择地势平坦的敞水区，用大张网迎着潮流，将网作"人"字形张开，每个潮水起一次网，拦捕逆河入闸口处的鳗苗。

③选择闸口外的适宜地段，在船头抛锚，船头迎向潮流。在船身两侧架设张网，拦捕顺潮而来的鳗苗，不定期地捞起网尾，解开扎绳倒出鳗苗。

④定置张网拦捕是大规模捕捞鳗苗的最常用的方法。网用聚乙烯编织而成，由袖网和囊网两部分组成。囊网后面连接漏斗网（集苗袋）。作业时，根据河口的宽度同时设数张网，彼此相连，鳗苗随着流水进入网内，收集在漏斗网中，囊网末端可用绳索拴于渔船上，另在袖网口、囊网口及网尾各挂一个浮子，以作标志，一般在平潮时起网收取鳗苗。鳗苗较多时，中途也可收取 3～4 次，或在尾端连接一个随水流上下游动的集苗箱及时捞起鳗苗。定置张网的采捕量大，但死苗、杂鱼和杂物也较多。由于相互撞挤、挣扎和摩擦，常会造成鳗苗体表的损伤，成活率受到一定的影响。

⑤在水坝或落水瀑布处，安置专用的鳗苗捕捞陷阱网，拦住成群往上游的鳗苗。

第二节　暂养和运输

一、鳗苗暂养

鳗苗捕捞以后，将零星鳗苗集中，通过暂养将其体内污物排尽，以利运输。暂养方法有 3 种。

（1）淋水暂养　将鳗苗养在脸盆、水桶等容器内，每 1~2 小时淋水 1 次，使苗体经常保持湿润，此法可暂养 2~3 天。

（2）网箱暂养　网箱规格为 200 厘米×100 厘米×150 厘米，箱布为规格 11~12 目/厘米的聚乙烯布，敷箱于水面开阔、水质良好的河道或池塘，水温为 12~17℃时，每平方米网箱可暂养鳗苗 1~6 千克，管理应注意勤刷箱，勤捞死苗。

（3）水泥池暂养　采用具有水循环系统的水泥池，使水中溶氧保持在 4 毫克/升以上，pH 值为 7~8，12~17℃时暂养密度为 3~8 千克/米^2。

二、鳗苗运输

鳗苗装运前要做好各项准备，捞除死苗及杂物，撇除黏液。水温在 20℃以上需进行降温，使袋中水温保持在 12℃左右。运输过程防止阳光直射和大风久吹。

鳗苗运输现多用尼龙袋充氧后装进塑料泡沫箱的办法。

尼龙袋为长 70 厘米、宽 54 厘米的双层聚乙烯薄膜袋，每袋装低温水 1~2 升，苗 1~2 千克，充入氧气密封，放入 66 厘米×33 厘米×35 厘米的泡沫箱里，每箱放 2 袋，并在两袋间放冰袋 1 只，内放冰块 1~2 千克，以保持低温。运输时间不要超过 30 个小时。

鳗苗到达目的地后，先将尼龙袋放在池塘中浸半个小时，使袋内外水温接近（±5℃），然后拆袋放苗。

第三节　鳗苗的鉴别

一、鳗苗质量鉴别

产期与产区对鳗苗的质量有很大影响。一般认为，每年 1—2 月份产自日本、中国沿海的日本鳗鲡苗最佳。欧洲鳗鲡苗以每年

1—2 月份产自法国沿海的天然苗为佳；3 月份产的英国苗次之；西班牙等国产的天然苗较差。美洲鳗鲡苗以每年 5 月份产自美国沿海的天然苗为佳。

较好的鳗苗质量从外观上体现为以下几个方面（彩图7）。

（1）**体色** 呈半透明，体表光洁，无任何白斑。

（2）**体态** 苗体大小均匀，丰满度好，无外伤或任何患病症状。

（3）**活力** 游动迅速，离水后在手掌左右弯曲、强劲有力。

（4）**可数指标** 日本鳗鲡的伤残率小于 0.5%；欧洲鳗鲡和美洲鳗鲡的伤残率小于 2%。

（5）**可量指标** 日本鳗鲡全长为 5.4 ~ 5.8 厘米；欧洲鳗鲡为 6.5 ~ 7.6 厘米；美洲鳗鲡为 4.9 ~ 5.2 厘米。

（6）**规格** 日本鳗鲡为 5 500 ~ 7 000 尾/千克；欧洲鳗鲡为 2 500 ~ 3 500 尾/千克；美洲鳗鲡为 5 000 ~ 6 500 尾/千克。

进口鳗苗需经国家出入境检验检疫部门检疫合格。不得携带有任何传染性强、危害性大的病原体。

二、鳗种质量鉴别

刚刚采捕到的鳗苗每条体质量只有 0.1 ~ 0.2 克，被称为"白仔鳗"。经过培育，每条体质量增加到 10 ~ 20 克，背部颜色变深变黑，每千克约为 50 ~ 100 尾，此时称为鳗种。

从外观辨别，优良的鳗种主要体现为以下几个方面。

（1）**体色** 体青灰色或青绿色、色泽一致、体表光滑。

（2）**体态** 规格整齐、丰满度好、无外伤或任何患病症状。

（3）**活力** 体质健壮、游动活泼。

（4）**可数指标** 畸形率小于 0.5%；伤残率小于 1%。

与鳗苗一样需经检疫，不得带有国家检疫规定的疫病及特异病原体。

三、检验方法

（1）**取样** 每批鳗苗、鳗种随机取样应在 100 尾以上。

（2）**计算畸形率与损伤率**　用肉眼观察计数。

（3）**全长测量**　用标准量具逐尾测量吻端至尾鳍末端的直线长度。

（4）**鳗苗规格测量**　随机取样，用干毛巾吸去多余的水分，用普通天平称取 50 克鳗苗，放入捞网中，用小碗点计尾数，求出每尾平均重量。

四、鳗苗种类鉴别

鳗鱼养殖正在朝着多品种发展。不同的鳗种，幼苗阶段都很相似，准确鉴别鳗种是把握其习性、搞好养殖的先决条件。表 2－2 为三个主要养殖品种的比较。

表 2－2　鳗苗种类鉴别

项目	品　种		
	日本鳗鲡	欧洲鳗鲡	美洲鳗鲡
外部形态特征	体较圆；尾柄上无黑色素细胞；眼小，吻尖而长；躯干长为全长的 26.9%	体浑圆；个体比日本鳗鲡大 1 倍多；尾柄上有星状黑色素细胞，沿脊椎骨有一条稍红线连通尾部；眼大吻短；躯干长为全长的 30.1% ~30.2%；肛门至背鳍前端基部的距离为全长的 11.2%	体型较短小，与日本鳗鲡极相似；眼较小且略显突出；躯干长为全长的 30.1% ~30.2%；肛门至背鳍前端基部的距离为全长的 9.1%
每千克尾数	5 500 ~ 7 000	2 500 ~ 3 500	5 000 ~ 6 500
体质量范围/克	0.14 ~ 0.18	0.29 ~ 0.40	0.15 ~ 0.20
平均尾重/克	0.15	0.33	0.16

项目	品　种		
	日本鳗鲡	欧洲鳗鲡	美洲鳗鲡
脊椎骨数	111～119（以117～118为主）	110～116（以112为主）	105～109（以106为主）
药物鉴别方法	丁烯磷溶液（0.46毫克/升）浸浴，1小时内不死	丁烯磷溶液（0.46毫克/升）浸浴，1小时内死亡	丁烯磷溶液（0.46毫克/升）浸浴，1小时内死亡

第四节　鳗苗的资源管理

一、资源状况

由于鳗鱼远距离生殖洄游的特殊习性，鳗鱼苗成了一项宝贵的国际自然资源。当前，世界各国都在关注这一资源，一是这一资源已经出现明显的衰退现象，二是鳗鱼养殖业仍然依靠采捕天然苗种，人工育苗进入生产还相当困难，占有苗种资源意味着巨大利益。所以，围绕这一资源的竞争一直激烈地进行着。

据评估的计算数据，2006年亚洲地区日本鳗鲡苗年生产量曾经达到155吨。平均年产量在20世纪70年代为88吨，80年代是100吨，90年代近80吨，2000—2006年平均达到100吨。近30年中，资源状况似乎并没有太大变化。但2007年骤降至70吨，2008年降至50吨，2009年为80吨，近3年波动较大。亚洲地区各国普遍进行一定量的增殖放流，加上历年自然灾害造成的养鳗场鳗鱼逃逸，有时达数百吨之多，客观上每年都有相当数量的养殖鳗鱼回归大自然，其对资源量变化的影响，还需进一步研究观察。亚洲地区的鳗鲡苗产量全用于养殖，所以，产量跟投苗量基本一致（表2-3）。

表2-3 亚洲各地鳗鲡苗投放量　　　　单位：吨

年份	日本鳗鲡苗					欧洲鳗鲡苗（进口）
	小计	日本	中国内地	中国台湾	韩国	
2001 年	117.1	24.1	50.0	35.0	8.0	80.0
2002 年	97.3	20.3	40.0	25.0	12.0	95.0
2003 年	134.2	26.2	50.0	45.0	13.0	70.0
2004 年	95.8	24.8	42.0	18.0	11.0	52.0
2005 年	60.1	18.8	30.0	5.3	6.0	81.0
2006 年	155.0	25.0	75.0	32.0	23.0	40.0
2007 年	70.0	26.0	26.0	7.0	11.0	60.0
2008 年	50.0	23.0	10.0	7.0	10.0	40.0
2009 年	80.0	25.0	20.0	20.0	15.0	7.5

　　鳗鱼在幼苗阶段的洄游是"趋淡性"的，所以，河流的淡水入海量越大，吸引鳗苗进入河流的概率越高。中国幅员辽阔，入海河流多，日本鳗鲡苗产量占亚洲的一半以上，这是中国鳗业的重要优势。

　　欧洲有直接食用鳗苗的习惯，养殖规模不大。20 世纪 90 年代之前，捕捞鳗苗主要用于直接食用。1993 年，中国进口 20 吨欧洲鳗苗进行试养，1995 年激增至 80 吨，1997 年达到 240 吨。此后，由于鳗苗资源衰退，进口量逐年下降，2006 年仅进口了 40 吨。据报道，欧洲鳗苗的最高产量曾达到 3 000 多吨，此后 30 多年来，各种原因造成资源量急剧下降，据说近年来的产量只有 100 吨左右。

二、各国（地区）保护鳗苗资源的措施

　　为保护鳗鲡资源和本国鳗业，日本农林水产省规定每年 12 月 1 日至翌年 4 月份为鳗苗捕捞期；规定 12 月 1 日至翌年 5 月 1 日禁止鳗苗出口。2008 年起，业界为争取获得更多鳗苗，要求捕捞期提前开放。2008 年，日本政府决定对原定为每年 12 月 1 日的开捕

期进行松动，实行在采捕期不超过 5 个月的前提下，允许由各地自行决定提前开放捕捞期。

我国台湾省在 2001 年前限制对日本出口鳗苗，2001 年后解除限制，允许自由出口。台湾省曾经请求日本在 3 月份以后允许日本鳗苗出口到台湾养殖，但被日本方面拒绝。为此，经业界要求，台湾省遂于 2006 年立法规定："每年 11 月 1 日起至翌年 3 月 31 日，禁止鳗苗出口。"此项规定自 2007 年 11 月 1 日生效。

欧盟方面采取把欧洲鳗鲡纳入"国际濒危动物"的办法实施保护限制，以"鳗鱼资源衰退，若不加以有效保护，欧洲传统的商业性鳗鱼捕捞将在 2015 年消失"为由，向"濒危野生动植物种国际贸易公约"缔约国会议提交"欧洲鳗鲡实施 II 级濒危动物管理"的提案。该提案于 2007 年 6 月份被通过，2009 年 3 月 13 日起正式实施。欧盟 27 国农业部长会议还于 2007 年 6 月 11 日通过"把一定比例的、体长在 20 厘米以内的捕获鳗苗放流到欧洲境内的江河中"的决定，要求 2008 年捕获鳗苗的放流比例为 35%，此后每年增加 5%，到 2013 年达到 60%。

韩国规定，"白仔鳗苗鮟鱇网渔业根据水产业法施行令第 29 条第 2 号，渔业许可及申报等相关规定第 3 条第 6 项之规定执行"。

我国农业部在 1986 年下达了《关于发展鳗鱼生产控制鳗苗出口的通知》。文件规定："生产鳗苗的省（市）都要实行凭证捕捞、凭证收购、凭证出口。按批准的数量，定时定点捕捞、收购和出口，不得逾期、超量。捕捞鳗苗要向水产（渔政）主管部门缴纳渔业资源增殖保护费，出口许可证由经贸部或其授权的单位签发，海关凭证放行。没有许可证的任何单位和个人出口鳗苗的，一律以走私论处，予以打击；无证收购的予以没收。"

日本每年鳗苗入池量约为 20 吨。因自产苗种不足，其中一半以上是从我国内地和台湾省进口的。韩国每年鳗苗入池量约为 10 吨，其中三分之二是从我国进口的。

我国鳗鱼养殖面积有 10 多万亩①。正常状态下，鳗苗生产不

---

① 亩为我国非法定计量单位。1 亩 ≈666.7 平方米，1 公顷 =15 亩，以下同。

够国内自己养殖，需进口欧洲苗补充。随着欧洲苗纳入"国际濒危动物"管制，进口越来越困难，鳗苗不敷国内需求的状况将越来越严重。因此，如何保护国内有限的种苗资源，满足我国鳗农对鳗苗的需求，对我国养鳗业的可持续发展至关重要。

为保护鳗苗资源，增强行业竞争能力，经专家论证，福建省已决定推迟鳗苗开捕期，将原定于每年 12 月 1 日开捕延迟到翌年 1 月 15 日之后。

第三章　鳗场建设

内容提要：养殖环境的基本要求；养殖设施要求。

在鳗鱼养殖业的起始阶段，我国基本采用日本水泥池精养模式。经过科技人员和广大鳗农数十年的不懈努力，技术不断创新，设施不断完善。各地因地制宜地创造了适合当地条件的养殖方法，养殖模式趋于多样化。就水资源利用形态而言，就有规范化水泥池精养模式、集中连片的土池养殖模式、分散独立的土池养殖模式、地表水养殖模式、地下水养殖模式、水库网箱养殖模式以及海水池塘和海水网箱养殖等。

养殖模式、养殖品种趋向多样化，但依据鳗鱼的习性，建立符合其生长规律并能取得最佳养殖效益则是几乎不变的要求。下面，除了对基本一致的环境要求和已经规范化的鳗场建设着重叙述外，对正在试行的一些模式也作简单介绍。

第一节　养殖环境的基本要求

本节介绍的是日本鳗鲡、欧洲鳗鲡和美洲鳗鲡养殖环境的基本要求。

一、环境条件

养殖地周边生态环境良好，植被丰富（彩图8）；环境基本条件应符合《农产品安全质量　无公害水产品产地环境要求》（GB/

T 18407.4）的规定；养殖地气候变化较小，每年最好有 6 个月以上的时间气温在 15～32℃；地势相对平坦，利于排洪；远离山体滑坡易发地带；进、排水方便，不造成养鳗场间的交叉污染；地质比较坚实，保水性能好，土质以沙质土或黏壤土为佳，尽量避免酸性土质；水源充足，地表水或地下水不受污染，遇旱不涸；水质应符合《渔业水质标准》（GB 11607）的要求；交通方便、快捷；电网电力供应充足、稳定，并需配备能满足养殖和生活需要的备用发电机组。

二、场地规模

养殖场应达一定规模，以降低成本，规范管理。土池养殖（又称露天止水式养殖）面积应达到 3.33 公顷以上；水泥池养殖水面积应达 0.67 公顷以上。

三、布局

布局必须合理，符合卫生防疫要求，进、排水分别设置。

①养殖场应具有与外界环境隔离的设施，生活区与养殖区分设。具有独立分设的药物和饲料仓库，仓库保持清洁干燥，通风良好。

②养殖池应建在阳光充足、通风良好的地方，长时间遮阴的地方不适宜建池。排列整齐，集污、排污能力强，进、排水方便、合理；能避免鱼病交叉传染。养殖区内各养殖池须有规范的编号。

第二节　养殖设施要求

一、精养水泥池

1. 形状

池的形状为正方形，池角成圆弧状或切去四个小角后的八角形。

2. 规格

按放养鳗种的规格大小一般分为三级，一级池用于培育鳗苗，二级池用于培育鳗种，三级池用于饲养食用鳗。其大小（以欧洲鳗鲡养殖为例，日本鳗鲡精养池可略大）如下。

（1）一级池①（鳗苗池）　面积为 80～160 平方米，池深为 0.6～0.8 米。

（2）二级池（鳗种池）　面积为 120～200 平方米，池深为 1.1～1.2 米。

（3）三级池（食用鳗池）　面积为 200～400 平方米，池深为 1.2～1.5 米。

3. 构造

（1）池壁构造　用混凝土浇灌或砖砌，墙顶池内伸展出 6 厘米，内壁用水泥沙浆抹面。

（2）池底构造　池底呈锅底状，四周向中央排污口倾斜 2%～3%；一级池池底用混凝土或三合土铺垫，二、三级池以砂合土底或三合土底（黄土、生石灰和砂石按比例混合）为佳。

（3）排污口构造　排污口设于池子正中央，上面用排污板覆盖，排污板规格为 0.75 米×1.0 米、1.0 米×1.2 米，为多缝塑料板或不锈钢板，缝隙大小以鳗苗或鳗种不能逃逸为准。

二、土池养殖（露天止水式养殖）

鳗场的规模以 50 亩为宜。养殖设施主要包括鳗池，注、排水系统和附属设施。利用江河、湖泊、水库及地下水等作为水源。一般每天仅交换池水的十分之一左右，甚至基本不换水。主要依靠浮游蓝藻和水车或增氧机增氧，以改善水质。其优点是建池成本低、耗电少。亩产为 1～2 吨。

1. 形状

池的形状以长方形为佳，长：宽为 4：3，南北走向；规模如下。

----

① 当前的趋势是培育白苗的池塘面积在 200 平方米左右，80～100 平方米的一级池基本上已没人使用。

（1）**鳗种池** 面积为 2 000 ~ 3 000 平方米，池深为 1.6 ~ 2.0 米（养殖水深为 1.2 ~ 1.5 米）。

（2）**食用鳗池** 面积为 3 000 ~ 6 000 平方米，池深为 2.0 ~ 2.5 米（养殖水深为 1.6 ~ 2.0 米）。

2. 构造

（1）**池埂构造** 以硬土夯实垒起，不渗漏，坡比为 1:（1.5 ~ 2.0）。

（2）**池底构造** 池底平坦，以沙泥质或泥沙质硬底为佳，池底淤泥厚度小于 10 厘米，在进水口对角线建排污口，池底比降以能排空水为准。

3. 配套池塘构造

（1）**选别池** 面积为 200 ~ 300 平方米，池深为 1.1 ~ 1.2 米，水泥底，内部设置选别架及网箱固定装置，顶部设遮阴防雨设施，具有独立进、排水系统和充气增氧系统。

（2）**净化池** 各池排水系统排出水集中进入净化池，采用土池结构，池深为 1.5 ~ 2.5 米，蓄水容量为养殖水量的 30% 以上，用于沉淀净化污水。

三、增氧机配置

以下所述为精养水泥池和养殖土池中水车式增氧机的配置情况。正在试验与推广的微孔管道增氧新技术另作阐述。

（1）**精养水泥池** 一般使用水车式增氧机，鳗苗池用功率 0.75 千瓦增氧机，每池配置 1 ~ 2 台；鳗种池用 0.75 千瓦增氧机，每池配置 2 台；食用鳗池用 1.5 千瓦增氧机，每池配置 2 台。

（2）**养殖土池** 每 2 000 ~ 2 500 平方米配置 1.5 千瓦的水车式增氧机 1 台，最好全池再配置涡轮式增氧机 1 ~ 2 台。

四、供热设备

（1）**热能来源** 锅炉或温泉水供热增温（若用温泉水则必须检测合格后使用）。

（2）供热管道　无缝钢管，不能使用镀锌管。

五、保温遮阴设施

鳗苗池和鳗种池用聚氯乙烯薄膜封盖，用于保温。成鳗池用遮阴网和聚氯乙烯薄膜搭盖，减少阳光照射池水，保持池内通风透光。有的采用黑、白两种颜色的聚氯乙烯薄膜拼用，调节阳光照射强度。

当前，正在试验推广的节能减排和可控生态养殖新技术对保温遮阴设施的要求发生了较大改变。在可控生态养殖中，水中益生菌增多，水体透明度大幅下降，为保证益生菌对阳光的需要，遮阴要求相应减少。一些养鳗场已改用白色的聚氯乙烯薄膜或双层遮阴网封盖。

六、基础性仪器设备

每个养鳗场都应配备生物显微镜、冰箱、解剖工具、水质分析仪、电子秤等仪器设备。

七、养殖水质要求

1. 感官指标

水质无异色、异味，水面不得出现油膜或浮沫。

2. 理化指标

理化指标应符合表 3 – 1 的要求。

表 3 – 1　鳗鲡养殖水质要求

项　目	指　标	检验方法
色、嗅、味	养殖水体不得带有异色、异臭、异味	《生活饮用水标准检验方法》（感官法）（GB/T 5750）

项 目	指 标	检验方法
pH 值	6.5~8.5	《海洋监测规范第4部分:海水分析》(GB/T 17378.4)
溶解氧/(毫克·升⁻¹)	5~11	
铵态氮/(毫克·升⁻¹)	0~2	
硫化物/(毫克·升⁻¹)	≤0.1	
化学耗氧量（COD)/(毫克·升⁻¹)	10~15	
总大肠杆菌/(个·升⁻¹)	≤5 000	《生活饮用水标准检验方法》(多管发酵法)(GB/T 5750)
汞/(毫克·升⁻¹)	≤0.000 5	《饮用天然矿泉水检验方法》(原子荧光光度法)(GB/T 8538)
砷/(毫克·升⁻¹)	≤0.05	
镉/(毫克·升⁻¹)	≤0.00 5	《水质 铜、锌、铅、镉的测定 原子吸收分光光度法》(GB/T 7475)
铅/(毫克·升⁻¹)	≤0.05	
铜/(毫克·升⁻¹)	≤0.01	
锌/(毫克·升⁻¹)	≤0.1	
铬/(毫克·升⁻¹)	≤0.1	《水质 总铬的测定》(GB/T 7466)
甲基对硫磷/(毫克·升⁻¹)	≤0.000 5	《水质 有机磷农药的测定 气相色谱法》(GB/T 13192)
马拉硫磷/(毫克·升⁻¹)	≤0.005	

3. 底质要求

（1）**感官指标** 底质无异臭。

（2）**理化指标** 鳗鲡养殖池底质中有害有毒物质最高限量应符合表3-2的规定。

表 3 – 2　鳗鲡养殖底质要求

项　目	指　标	检验方法
汞/（毫克·千克$^{-1}$）	≤0.2	《海洋监测规范第五部分：海洋沉积物》（GB/T 17378.5）
镉/（毫克·千克$^{-1}$）	≤0.5	
铜/（毫克·千克$^{-1}$）	≤30	
锌/（毫克·千克$^{-1}$）	≤150	
铅/（毫克·千克$^{-1}$）	≤50	
铬/（毫克·千克$^{-1}$）	≤50	
砷/（毫克·千克$^{-1}$）	≤20	

4. 检验方法

①养殖环境、场地、设施要求的评定按要求的条款进行。

②养殖水质检验按规定的方法进行。

③养殖池底质检验按规定的方法进行。

5. 检验规则

样品的采集、储存和管理按《水质采样　样品的保存和管理技术规定》（GB/T 12999）的要求执行。

鳗鲡的生产环境条件必须符合规定标准。如果养殖水质要求、底质要求等强制性指标单项超标，均判定为不合格。

6. 检验要求

养鳗场投建和投产前的检验工作以及生产期间每年的抽检需由经省级以上技术质量监督部门认证合格的检测单位进行。每一养殖周期检测 1~2 次，疫病多发季节适当增加检测频率。

第四章　鳗鲡养殖技术

内容提要：鳗鲡养殖的技术要素；不同养殖阶段的具体方法。

第一节　鳗鲡养殖的技术要素

一、生态条件

（1）光照　一定的光照能培养浮游生物（藻类），抑制寄生虫和病菌的繁殖，能提高杀虫和治病的效果。但鳗鱼怕光，夏天光照强，需用85%黑色塑料网遮阴；冬天光照弱，需要盖上白色塑料薄膜保温。

（2）水温　鳗鲡对水温变化很敏感，要注意保持水温相对稳定，温差大或水温高时要节制投饵量；土池养殖中需保持2.5米以上的水深，以形成上下温跃层，使其在夏天或冬天，底层均能保持相对稳定的水温。

（3）盐度　水体中保持$2 \sim 5$的盐度可起到预防寄生虫和病菌的作用。

（4）氨氮　水体中 NH_4^+、NO_2^-、NO_3^- 等游离氨对鳗鲡有害，并与水温、pH 值有关，必须控制在限量以下。

（5）pH 值　水中 pH 值宜为$6.5 \sim 8.5$。pH 值太低，则要注意培养藻类；如太高，则每亩可施用明矾$1.0 \sim 1.5$千克。

（6）氧气　水体中的溶氧量需保持在 5 毫克/升以上，要求通风、有水色。

二、合理密度

鳗鲡养殖应保持合理的放养密度，这是因为放养密度太低会影响鳗鲡摄食，密度太高可能供氧不足，有压迫感，且排泄量多、换水多，水环境不稳定。

三、排污要求

鳗鲡摄食旺盛，产生的残饵和粪便较多，应及时清除。根据鳗鲡摄食后 2~3 小时为排粪高峰的特性，一般在投喂 3 小时后进行排污。水泥池精养鳗鲡中要求全面、认真地刷洗，且每 1 小时排臭一次。

四、水环境的调节

鳗鲡水环境的调节重在水色的培养与维持。水体内的水色主要由绿色或棕色的微藻形成，其具有净化水质、遮光和平衡细菌生长的作用；微生态制剂可分解残饵和粪便等有机质，并能吸收硫化氢、有机物等，达到净化水质的作用，也可抑制细菌的生长。这两者均可使养鳗过程中的换水量减少，既减少了抽水和冬季加温的费用，最重要的是使水环境保持稳定，利于鳗鲡的正常摄食和健康生长，减少疾病发生，也减少用药的次数。

五、定期消毒、合理用药

鳗鲡养殖多采用较高密度的半精养或精养养殖方式，若水体中水色控制不好或遇下雨天等，水体内细菌和寄生虫的总量就会增多。因此，应坚持"以防为主"的原则，定期（约 7~10 天）使用无残留、低刺激的消毒药物和杀虫剂对水体进行消毒一次。当鳗鱼确实发生疾病时，要对症下药，选择无残留、低毒、低抗药性的药物如中草药、中西药合剂或西药合剂治疗。

六、投喂技巧

粉料使用前要按比例一次性加够水拌料（彩图9）；土塘养殖加一半土塘池水，均匀搅拌至少5分钟，并酌情添加动植物混合油、免疫促长添加剂如维生素C、维生素E、多维、多肽、免疫多糖、微生态制剂等。

饲料拌好后即可投喂，以30分钟内吃完为宜。如饲料质量好，拌出的团块状外表面光滑、有弹性、不粘手。当出现鳗鲡生病、水质恶化、消毒下药、缺氧、搬动、饥饿过长、天气异常时，应少投料。

第二节　不同养殖阶段的具体方法

在鳗鲡成长的不同阶段，习性特点有所不同。通常，将鳗鲡养殖分成鳗苗培育、鳗种饲养、食用鳗养殖三个阶段。鳗苗培育指鳗苗经养殖30~50天、体色由半透明转黑、体重增加8~12倍的培育过程；鳗种饲养指将规格为每千克500~800尾（日本鳗鲡）或300~500尾（欧洲鳗鲡、美洲鳗鲡）的鳗苗饲养至规格每千克50尾左右的过程；食用鳗养殖指将规格每千克50尾左右的鳗种饲养至商品鳗规格的饲养过程。

下面按鳗鲡养殖三个阶段对其养殖技术进行介绍。

一、鳗苗的培育

鳗苗投池前，要经过一个捕捞、暂养、运输、放养的过程。外界温差、盐度、含氧量变化大，也容易造成苗体损伤，所以，鳗鲡苗的培育是整个养殖过程中死亡率最高的阶段。当前，我国养殖日本鳗鲡一般成活率为90%，养殖欧洲鳗鲡的一般成活率为70%~85%。而在苗种投放期间，日本鳗鲡的平均死亡率占0.5%左右，欧洲鳗鲡的平均死亡率则占5%左右。

鳗鲡苗的培育不仅是为了提高成活率，还会直接影响鱼种体质和后期成长，影响到"三类苗"的比例（三类苗是指一些生长缓慢或个体瘦小难以长成的鳗鱼，一般体重只有几克重左右，也称鳗精、落脚苗或鳗尾）。所以，鳗鱼苗培育是整个鳗鱼养成过程中技术含量最高、管理要求最精细的关键养殖阶段，对养成阶段的摄食生长以及最终的养殖经济效益具有决定意义。

以下介绍的是日本鳗鲡、欧洲鳗鲡和美洲鳗鲡的培苗方法。

（一）池塘准备

放苗前的准备，首先是备好培育池。通常采用全遮黑、面积为40~60平方米的水泥池，俗称为"白仔池"。鳗鱼苗培育池面积不宜过小，一般需达60平方米以上，而真正比较实用的池塘面积为80~120平方米，这样的池塘可装2台增氧机以保证池水的溶解氧，稳定池水的理化指标，满足高密度"白仔"培育的需求。

池塘底部以三合土或细沙底为佳，以提高池塘本身的生态稳定能力，满足"白仔"对环境变化适应能力较弱的需求。

放苗前，应检查池内各处有无裂缝、漏洞，清除池内杂物，清理排污管道和加热管道，安装规格合适的排污网（或排污板），检修、安装并调试锅炉、增氧机、加热管道及抽水机等必需的配套设备。

尽量做到遮光、密封，在投饵台上安装25瓦的白炽灯，并在增氧机上方留有通风窗，以备中午开窗透风。

新池使用前应用1.0~1.5毫克/升草酸浸泡脱碱，多次清洗换水，蓄水浸泡20天以上；或直接用清水浸泡30~40天。使用前测定pH值，检测合格后投入使用，投苗前7天，再用20毫克/升高锰酸钾浸泡消毒3天，排干洗净后放入加温新水，使池里的水pH值小于8，而后备用。

旧池要经充分曝晒，用200毫克/升生石灰或20毫克/升漂白粉全池泼洒消毒10~15天，用清水洗刷干净；投苗前7天，用20毫克/升高锰酸钾浸泡3天，排干洗净后备用。

鳗苗池消毒时，必须将所使用的工具一并消毒。

投苗前1天，对鳗苗池进水，水位为30~35厘米。鳗苗入池时水温控制在适宜范围（10~20℃）；加食盐将池水盐度调配为

3～7。

（二）苗种选择

苗种质量的好坏将直接对培苗结果起先天主导作用。

选择的玻璃鳗要求整批苗种大小均匀，体粗壮，色透明，活动能力强，无特异病原体携带，而不选择大小差异显著、体细长、掺杂黑色苗种、活动能力弱、死伤苗数量较多的玻璃鳗作为培育用苗。

选择苗种还应注意暂养时间和是否经过多次重复包装。暂养时间长、经过多次重复包装的苗种一般伤苗比例大，苗体易出现肝脏发白、胆囊肿大、肠胃积水，此时，其体质受到不同程度损伤。

苗种规格也是选择的重要指标，一般要求日本鳗鲡的规格为6 300～6 500尾/千克；欧洲鳗鲡的规格为2 800～3 200尾/千克，此规格苗种为大批量发水苗种，规格整齐，质量较好。在购苗时还应检测暂养及运输过程的水环境指标，主要为温度及盐度，一般要求盐度达5～8，温度达7～9℃，以保持苗种的体质及适应养殖环境条件，减少下池过程的刺激。

投苗时间的安排。日本鳗鲡、欧洲鳗鲡的投苗时间一般在每年12月上旬至翌年3月下旬，最好选择12月份至1月份的早期苗，美洲鳗鲡投苗时间为4月份至5月份。

（三）过渡

过渡是苗种放养时最关键的技术之一。过渡掌握不准确，会导致放苗过程苗种的大量死亡，严重影响开口时机和培育速度。

过渡主要为盐度和温度过渡，要求放养池内的温度和盐度与暂养期相同。温度过渡将比盐度更重要，因为运输中的温度常为5～6℃，要注意在运输过程应保持恒温，到达养殖场时应及时检测运输袋水温及养殖池水温，以便计划过渡。当温差较大（＞5℃）时，应重新打包，满足过渡期包装袋内具足够的溶解氧，尤其当包装袋内出现水泡时更应重新打包；如果温差较小（＜5℃），应于阴凉处逐渐过渡至与池水水温相似后于池水温度一致后再开袋放苗。

（四）放苗

将苗袋放入池中过渡 30 分钟，待袋内外水温接近（＜2℃）时方可打开苗袋。打开袋口，加入少量池水，轻微摆动混匀，再加入池水，摆动苗袋，如此反复多次，使鳗苗逐步适应池水，方可放入池中。倒苗时应缓慢，勿倒置苗袋放苗。

鳗苗入池前应关停增氧机，使池水呈静水状态。放苗后，保持静水 1 小时后再开增氧机，使池内有较缓慢的水流。放苗 12 ~ 24 小时后再行消毒，而不是放苗后即刻消毒，以使玻璃鳗适应环境，减少对鳗体的刺激，同时，应选择刺激性小、毒性低的药品，以防产生中毒及应激。一般采取全池泼洒聚维酮碘（0.05 ~ 0.1 毫克/升）或二氧化氯（0.1 ~ 0.2 毫克/升），药浴 24 小时。

放苗要注意合理的密度，日本鳗鲡通常按水面面积每平方米放苗 600 ~ 800 尾，欧洲鳗鲡和美洲鳗鲡每平方米放苗 400 ~ 600 尾。

（五）开口前的管理

开口前的管理主要为升温和退盐，一般采取在鳗苗入池 24 小时待鱼体适应后再行退盐及升温。每 4 ~ 5 小时升温 0.5℃，直至升到所需水温后保持恒温。即日本鳗鲡养殖水温一般控制在 28 ~ 30℃，欧洲鳗鲡与美洲鳗鲡控制在 26 ~ 28℃。

退盐与升温同步进行，每天换水 10 厘米左右，3 ~ 4 天后将盐分退尽。

若出现伤苗偏多，可以延长退盐时间，这时每天换水必须加盐维持到伤苗正常为止；如果苗种质量差，放苗后死亡率高，可提前升温及开口，可于放苗后第二天升温，达 22℃ 以上即可开口，以提高存活率。

（六）诱食驯化

1. 诱食

日本鳗苗水温升至 28℃，欧洲鳗苗、美洲鳗苗水温升至 22 ~ 24℃ 时开始诱食，投饵时提前 15 分钟关停增氧机。第一餐从夜间开始。开口第一天为诱饵期，先将丝蚯蚓用绞肉机碾碎 2 ~ 3 遍，全池均匀泼洒，使苗种适应丝蚯蚓的味道。前三天应将丝蚯蚓磨成细浆，以便使绝大部分苗种能摄食到饵料。3 天后，逐渐缩小泼洒范围，诱集到饲料台附近。第四天，放下饲料台至池底，并打开饲料台上方的电灯，利用灯光引诱鳗苗上饲料台摄食，将处理好的活丝蚯蚓放入料台内，摄食结束后即关灯并打开增氧机。经 3 ~ 5 天诱食，有 85% 以上的鳗苗上台摄食，诱食即获成功，可进行正常投喂。

2. 投喂量

一般第一天为鳗体质量的 15% ，第二天为 15% ~ 20% ，第三天为 20% ~ 25% ，第四天为 25% ~ 30% ，以后每天升高 1% ~ 2% 。原则上掌握在 30 ~ 40 分钟内吃完为准。前期应尽量多磨几遍使之呈颗粒状，以后逐渐加粗。投饵 5 ~ 7 天后应投全虫。

3. 投喂次数

日投喂 3 ~ 4 次，每次间隔 6 ~ 8 小时。

苗种对声响及震动等敏感，受此刺激将导致聚群摄食的鳗鲡散开逃逸。为锻炼鳗鲡适应环境，投饵时常将全餐投饵量分 2 ~ 3 次投喂，在投入饵料快吃完时投入。

4. 转料

鳗苗投喂丝蚯蚓 25 ~ 45 天后，规格达每千克 500 ~ 800 尾（日本鳗鲡）或 300 ~ 500 尾（欧洲鳗鲡、美洲鳗鲡），即可进行饲料转换投喂配合饲料。转饵速度应快，1 ~ 2 天应全部转为人工配合饲料。

转料前应停食 1 天。从夜晚开始，将鳗苗料掺入丝蚯蚓中混合调成糊状进行投喂，转料时，逐步调整丝蚯蚓与鳗苗料的比例。转料第一天，丝蚯蚓与鳗苗料的比例为 3∶1，逐日依次为 2∶1、1∶1、1∶2、1∶3，直至全部投喂鳗苗料为止。所用鳗苗配合饲料必须来自经检验检疫机构备案的饲料加工厂，并符合 SC1004 鳗鲡配合饲料的规定。

饲料转换后，日投饵量应控制在鳗苗体重的 5% ~ 8% 。每天投喂 2 次，时间为 05∶00—06∶00 和 17∶00—18∶00。

（七）丝蚯蚓的暂养与处理

丝蚯蚓必须经过流水暂养 3 天以上，并使用洁净的水源暂养丝蚯蚓，暂养期间，应每 2 小时耙翻一次，每日压爬一次。

压爬办法是在丝蚯蚓上盖上筛绢网框（规格为 0.8 米 × 1.0 米，底部为 130 ~ 361 孔/米² 的筛绢），并适当压紧让活虫爬上网面，经 3 次以上爬活后，即为清洁卫生的活虫，可以作为饵料使用。

丝蚯蚓投喂前，先用盐度为 5 ~ 10 的食盐水浸泡 30 分钟，刺激虫体排出体内脏物及体表黏液，冲洗干净后即可投喂。严禁使用《无公害食品　渔用药物使用准则》（NY 5071——2001）用药规定外的药物消毒丝蚯蚓。

（八）日常管理

（1）水温控制　水温控制为鳗苗培育中最重要的管理技术之一，培育期间要求保持水质恒定，尽量减少温差。尤其在进、排水期间，温差不得超过 ±1.0℃。因而，常在"白仔"培育时设置调温池，将水温调至与养殖池一致后加入养殖池，以便迅速加够池水且不产生温差。

（2）排污　在诱食期间，每次投饵 2 小时后，用虹吸管把残饵、粪便等杂物吸除干净；正常投喂后，除继续用虹吸管吸污外，每天早晚利用池中央排污口排污 1 次，并洗刷池底。排污时池刷应紧贴池底由四周向中央缓推，勿来回洗底。"白仔"池使用时间在 35 天内，一般不洗刷池壁；超过 35 天应每天洗刷池壁。日换水量在泼浆时应达 150% 以上，投喂全虫后日换水量可保持在 80% ~ 120%。

（3）换水　在诱食期间，换水在吸污后进行，每次换水 40% ~ 50%；投喂丝蚯蚓后，换水量可适当减少；养殖后期换水量增大至 100% ~ 120%。

（4）水位调节　正常投喂丝蚯蚓后，逐渐提高池水水位，每隔 2 天加高 5 厘米，直至水位至 80 ~ 100 厘米为止；同时提高饲料台，直至浸水 5 厘米。

（5）投饵管理　刚开始诱食时，可多点投放丝蚯蚓，以后逐渐减少投放点，直到剩下饲料台一处。投饵后，逐渐提高饲料台，直至饲料台浸水 5 ~ 10 厘米为止；转料时，为避免饲料流失，可在饲料台前用木板挡住水流。摄食不完的饵料应及时捞除，并洗净饲料台晾干备用。

（6）**水质监测** 定期进行水质理化指标的测定，并做好记录。池水中各项水质指标应符合 ZN1003—2004 鳗鲡养殖产地环境要求的规定。主要检测指标有：DO、pH 值、NH_3-N、NO_2-N、H_2S，尤其后期应保证 DO ≥ 5 毫克/升以上，pH 值 > 6.5，NH_3-N < 0.2 毫克/升，NO_2-N < 0.1 毫克/升，H_2S < 0.01 毫克/升。

大池培苗应力争保持水质的稳定性。近年，采用可控生态技术保持水质以及使用水质改良剂及微生态制剂如光合细菌、EM、产酶益生素等益生菌改良池水水质取得较大进展，此类新技术可大幅度减少日换水量。后文将以专门章节叙述。

（7）**巡池检查** 注意观察增氧机是否正常运转和漏油；观察鳗苗摄食、活动情况，是否出现浮头和逃逸；观察鳗苗是否有病害发生，以及记录水温和进行水质监测等。

二、鳗种饲养

（一）筛选与分池

鳗苗经过 30~50 天的驯养，体质量增加 8~12 倍以上，池内鳗苗密度相对增大，普遍出现鳗苗生长参差不齐、大小分化严重的现象，应及时进行大小筛选和稀疏分养。

（1）**准备工作** 待用的选别池、鳗种池及筛选用具应彻底曝晒、消毒和清洗，此项工序与白苗池大致相同。筛选前一天应暂停喂食。注意使鳗苗池、选别池及鳗种池的池水水温相近。

（2）**鳗苗捕捞** 通过白苗池排水口，用网袋收集鳗苗，置于选别池布好的网槽中。用竹制或木制选别器进行筛选。筛苗时应带水操作，动作要轻，每次过筛的鳗鱼不宜太多，以缩短过筛时间。

（3）**分养** 将筛选所得的大规格鳗种，放入相应的鳗种池进行培育，小规格（指日本鳗鲡少于每千克 800 尾；欧洲鳗鲡或美洲鳗鲡少于每千克 500 尾）的鳗苗应重新用丝蚯蚓驯养、调壮。

（二）鳗种放养

（1）放养前的准备 鳗种池检修按白苗池、鳗种池同样做法进行曝晒、消毒和清洗。检修、安装并调试锅炉、增氧机、加热管道及抽水机等必需的配套设备至适用状态。

（2）放养后的消毒 放养后当天傍晚，全池泼洒聚维酮碘（0.05～0.1毫克/升）或二氧化氯（0.1～0.2毫克/升）进行消毒。

（3）放养密度 见表4-1。

表4-1 不同规格鳗种放养密度

规格/（尾·千克$^{-1}$）	欧洲鳗鲡（或美洲鳗鲡）		日本鳗鲡	
	尾·米$^{-2}$	千克·米$^{-2}$	尾·米$^{-2}$	千克·米$^{-2}$
	放养密度			
500～800			400～500	0.7～0.8
300～500	250～300	0.5～1.0	350～400	0.8～1.1
150～300	200～250	0.8～1.5	200～250	0.8～1.4
50～150	180～200	1.2～2.5	140～200	1.4～2.0

（三）饲料投喂

（1）饲料转换 对第一次筛选后的小规格鳗苗仍然投喂鳗苗料，并逐渐增加鳗种料的比例来转换饲料。鳗种配合饲料必须来自经检验检疫机构备案的饲料加工厂，并符合鳗鲡配合饲料的规定。

（2）饲料调制 鳗种料添加一定比例的水和油脂，用搅拌机调制成柔软而膨胀、黏性强、不易流散的团块状后方可投喂。加水量为饲料量的1.3～1.5倍，油脂控制在3%～5%。

（3）投饲方法 每池设饲料台一个，置于紧靠通道一侧，规格为1.5米×1.0米，饲料台底部略低于水面。调制成的饲料直接放入饲料台中（彩图10）。

（4）投饲量 根据池中鳗种的规格和体质量、前一天的摄食情况以及当天的天气、鳗种活动情况等而定，每次投喂量以30分钟内吃完为宜。不同规格鳗种的投饲率见表4－2（日本鳗鲡投饲率可略为提高）。

表4－2　不同规格鳗种的投饲率

规格/（尾·千克$^{-1}$）	饲料种类	投饲率/%
500～800	鳗苗料、鳗种料	6～8
300～500	鳗种料	5～7
100～300	鳗种料	4～6
50～100	食用鳗料	3～5

投饲率为

$$饲料量 \div 鳗鱼体质量 \times 100\% = 投饲率$$

（5）**投喂次数和时间**　日投喂2次，分别在05：00—06：00和17：00—18：00投喂。

（四）日常管理

（1）**水温控制**　鳗种培育期间应保持水温恒定，鳗种池水温与苗种池相似或低2～3℃。

（2）**水质管理**　日排污1～2次，排污一般在投饲后2小时进行，每次排水10～20厘米，同时洗刷池底（排污箱周围3～4米范围），每隔15天彻底洗刷池底和池壁1次。经常加注新水，日本鳗鲡养殖日换水率为30%～50%；欧洲鳗鲡和美洲鳗鲡日换水率为100%～150%。

（3）**水质监测**　按鳗鲡养殖产地环境要求的规定，定期检测水质。

（4）**巡池检查**　观察增氧机是否正常运转和漏油；观察鳗苗摄食、活动情况以及是否出现浮头和逃逸；观察鳗苗是否有病害发生。

（五）鳗种分养

鳗种经30～45天饲养后，体质量增加，个体大小出现差异。为解决不同规格的合理密度和避免争食不均、弱者愈弱的现象发生，需通过选别，进行分养、疏养。

（1）**分养前的准备**　通过取样计量，算出平均规格和各档大小比例，作出相应的放养准备和安排。对选别池、鳗种池及筛选用具进行常规曝晒、消毒和清洗。筛选前一天，对鳗鱼停食。选别池及鳗种池的池水水温应相近。

（2）**筛选**　拟选别的鳗种通过排水口用网袋收集。每尾小于5克的用竹制选别筛，规格大的可用木制槽式选别器。筛苗时应带水操作，动作要轻，每次过筛的鳗鱼不宜太多，以缩短过筛时间。

图4-1　分养操作

（3）**分养操作**　将筛选所得的大规格鳗种放入相应的鳗种池进行培育（图4-1），记录鳗种来源和池号，填写《选别分池移动表》。

三、成鳗养殖

当前，成鳗养殖方式已有精养池养殖、土池养殖、海水网箱养殖、水库网箱养殖以及海水池塘养殖等，养殖机理基本一样，都遵循尽可能给鳗鱼提供最佳成长环境和争取最大经济效益为出发点。下面着重介绍精养池养殖（彩图11）、土池养殖和海水网箱养殖。

（一）精养池养殖

1. 放养前的准备

与鳗苗培育、鳗种饲养一样，先做好养殖池与设备的检修、清理和消毒，并加水。

2. 鳗种放养

按鳗种不同规格的合理密度，确定放养数量，进行入池。鳗种入池 6 小时后，全池泼洒聚维酮碘（0.05~0.10 毫克/升）或二氧化氯（0.1~0.2 毫克/升）进行消毒处理。

鳗种投放密度应按表 4-3 的标准进行。

表 4-3　不同规格鳗鲡的放养密度

规格/（尾·千克⁻¹）		50~30	30~10	<10
放养密度/（尾·米⁻²）	水源充足	100~85	85~50	50~25
	水源一般	85~65	65~40	40~20

3. 饲料投喂

投饲需做到"四定"。

（1）定质　使用的饲料必须来自经检验检疫机构备案的饲料加工厂，并符合鳗鲡配合饲料标准的规定。拌料时一次性加足水量，并保持一定的搅拌时间，确保所拌饲料膨化松软、成团而不散。添加的其他添加剂应符合《饲料和饲料添加剂管理条例》的规定。

（2）定量　投饲量控制在投喂后 30 分钟内基本吃完，避免过分饱食诱发肠炎。日投饲率按表 4-4 的标准进行，夏季高水温期可适当减少投喂量。

表 4-4　不同规格鳗鲡的投饲率

规格/（尾·千克⁻¹）	50~30	30~10	<10
饲料种类	鳗种料	食用鳗料	食用鳗料
投饲率/%	3~4	3~2	2~1.5

（3）定时　日投喂 2 次，上午 06：00—07：00，下午 17：00—18：00 时，每次各投全日投喂量的一半。

（4）定位　定点投喂在设置的饲料台。

4. 水质管理

（1）换排水　每天洗池排污 2 次，分别在投饲 2 小时后进行。换排水量可达 50%~100%，夏季白天少换，晚上多换。随着养殖季节变化调整池水水位。

（2）水质调控 定期（每 10～15 天）使用微生态制剂和水质改良剂调节水质，营造稳定的生态环境。按 ZN1003－2004 鳗鲡养殖产地环境要求的规定，定期做好水质检测工作。

5. 成鳗分养

（1）成鳗养殖每隔 40～60 天选别分养 1 次 分养前，根据池鳗规格和数量，确定分养池的数量，并做好鳗池的清整消毒工作。准备好网箱、网兜、捞网及槽式选别器等分养工具。分养前停食 1 天（夏季停食 2 天）。分养时间最好选择在清早水温较低时进行（图 4－2）。

图 4－2 选别

（2）分养操作 通过排水口用网袋收集鳗鲡，然后用捞网捞入槽式选别器，根据不同规格分别放入相应的鳗池继续饲养。准确记录鳗种来源池号，填写《选别分池移动表》。

（二）土池养殖

土池养殖（彩图 12）应注意以下几点。

1. 放养前的准备

清整池塘，排干池水，清整池壁和池底，将过多的淤泥清除、翻耕，曝晒 15～20 天。每公顷（1 000 平方米）用生石灰 1 500～2 250 千克均匀散布于池底消毒，7 天后，加水且每公顷用漂白粉 45～75 千克消毒池水，3 天后即可施肥培养水质。

2. 培养水质

施有机肥或化肥培养水色。有机肥的用量为每公顷 75～150 千克，化肥的用量为尿素 15～30 千克及复合肥 240～300 千克。

3. 鳗种放养

大规格鳗种可常年放养，小规格鳗种于每年 3 月下旬至 6 月份放养，放养密度见表 4－5。

表 4－5　土池饲养鳗鲡放养密度

规格/（尾·千克$^{-1}$）	50～30	30～10	＜10
放养密度/（尾·公顷$^{-1}$）	50 000～75 000	30 000～45 000	22 500

4. 饲料投喂

投饲需做到"四定"。

（1）定质　使用的饲料必须来自经检验检疫机构备案的饲料加工厂，并符合鳗鲡配合饲料标准的规定。添加的其他添加剂应符合《饲料和饲料添加剂管理条例》的规定。

（2）定量　投饲视不同生长阶段以及不同季节灵活掌握、准确定量，日投饲率按表 4－6 执行。

表 4－6　不同规格鳗鲡的投饲率

规格/（尾·千克$^{-1}$）	50～25	＜25
饲料种类	鳗种料	食用鳗料
投饲率/%	5～6	2～4

（3）定时　水温在 23℃ 以上时，日投喂 2 次，时间 06：00—07：00，17：00—18：00；水温在 12～22℃ 时，日投喂 1 次，时间为 14：00—15：00。

（4）定位　定点设置饲料台。

5. 水质调节

土池面积大，又置于露天下，水质调节分物理调节、化学调节和生物调节三类。

（1）物理调节　①冲、加水调节。养殖过程中每日应加水补充池水的蒸发，在秋季末至早春季节，养鳗池每月换水 2～4 次，每次换水量为池水的 10% 左右；夏季每日加水 1 次，每次加水量为池水的 5% ~ 10%；台风前夕、雷暴雨天气、养鳗池缺氧时应加大换水量。

②机械调节。晚上及中午均开动增氧机，中午开机时间为 2 ~ 3 小时；阴雨、台风前夕、雷暴雨天气等特殊情况下可适当延长增氧机的开机时间。

（2）化学调节 ①定期全池泼洒沸石粉等水质改良剂。

②当池水 pH 值在 7 以下时，可全池泼洒适量生石灰将池水 pH 值提高至 7.5 ~ 8.5 。

③夏天池水透明度大于 35 厘米，冬季大于 30 厘米时，应适当减少换水量或每公顷水面用复合肥 5 千克或尿素 2 千克加复合肥 3 千克兑水全池泼洒，以增加池水中浮游植物生物量，改善池塘水体溶解氧及水质状况。

（3）生物调节 ①定期全池泼洒有益微生态制剂。

②混养。每公顷放养规格为每尾 0.25 ~ 0.50 千克的鲢鱼、鳙鱼各 750 ~ 1 200 尾，控制 "湖淀" 的繁殖。鲢、鳙鱼种的质量应符合鲢鱼鱼苗、鱼种质量标准（GB/T 11777）、鳙鱼鱼苗、鱼种质量标准（GB/T 11778）的规定。

③池塘内底栖动物数量较多时，每公顷可放养规格 0.25 千克/尾左右的青鱼种 150 ~ 225 尾。青鱼种的质量应符合青鱼鱼苗、鱼种质量标准（GB/T 9956）的规定。

④适当混养底栖杂食性鱼类，以清除池底残饵，防止水质变坏。

⑤当鳗种长至出池规格时，即捕捞上市或分池饲养，保持较适宜的密度，以利水质稳定。

6. 日常管理

（1）巡塘 上下午各一次，清晨观察池塘水色变化，有无浮头、鳗鲡病害等情况，并检查塘基有无渗漏；下午着重观察池塘水色变化、池水肥度、鳗鲡摄食情况，并根据天气情况决定是否冲、加水或增加开增氧机的时间。

（2）防止鳗鱼浮头、泛池 鳗鲡养殖密度较大、池底淤泥较多，或台风前夕、暴风雨引起上下水层急剧对流时，均会引起池水缺氧，引起鳗鲡浮头；池塘浮游动物大量繁殖、浮游植物锐减时，也会引起鳗鲡浮头或泛池。应及时察觉并按水质调节的措施处理。

（3）**水质检测**　定期做好水质检测工作。养殖过程中应按《水产养殖质量安全管理规范》的规定填写养殖记录。

（三）海水网箱养殖

1. 水质环境

选择水面开阔、水质良好、风速较小且低潮时水深能保持4米以上的河口附近海域设置网箱为宜。要求水温范围在8～30℃，海水相对密度为1.01～1.02，溶解氧为5毫克/升以上，pH值为7.0～8.5。海流速度1米/秒以下，以流速0.5米/秒的水域为最好。

2. 网箱规格

鳗鱼海水养殖采用3米×3米×3米或6米×3米×3米的无接缝网片网箱为宜。其网目规格为：养黑仔鳗、幼鳗0.5厘米，养成鳗0.8厘米。在网箱内放置1.0米×0.5米×1.0米的多层网架为鳗鱼休息台，网箱敞口留置15厘米的防逃网檐，以防鳗鱼水紧时逃跑。

3. 苗种投放

放养鳗鱼以幼鳗为最好，其投放密度为每平方米投入150尾。若无幼鳗而投放黑仔鳗，则密度为每平方米放500尾。鳗苗投放前应先用药浴消毒，以防染病。

4. 投喂饲料

饲喂鳗鱼应做到"四定"。

（1）**定时**　除初春和冬季于每天20：00投喂一次饲料外，其余时间均于每天05：00和20：00各投喂一次；

（2）**定位**　投喂在固定设置的饵料台上；

（3）**定质**　投喂符合鳗鱼配合饲料标准的饲料；

（4）**定量**　日粮总量以鳗鱼体质量总量的百分比计算，成鳗期为1.5%，幼鳗期为3%，黑仔鳗期为5%左右，高温、越冬期为 0.5% ~ 1.0%。

5. 及时分箱

鳗鱼经过 1 个月左右的饲养后，密度大增，个体差异也更悬殊，必须及时筛选分箱饲养，按体质强弱、个体大小分开。筛选分箱过程中操作要小心细致，避免擦伤鱼体，预防感染，并且要进行药浴消毒。

6. 更换网箱

为保持网箱清洁卫生，预防疾病和保障水体交换畅通无阻，应及时更换网箱。夏秋两季每 10 ~ 20 天更换 1 次，初春和冬天每 50 天更换 1 次。换下来的网箱应马上清洗干净，以备下次使用。

7. 日常管理

对网箱实行分组管理。每天检测水质，做好气象、水温、pH值、投饵、防治疾病等详情记录。观察鳗鱼摄食、生长情况，发现问题，及时处理。良好的水质是预防鳗鱼疾病的关键。应保持网箱清净，水质符合环境的标准要求，始终处在有益微生物群的有效控制之下。

第五章 鳗鲡的病害防治

内容提要：鳗鲡病害发生的原因；鳗病的防治原则；鳗病的简易诊断与治疗；鳗鲡常见疾病；渔用药物的定义与使用原则；常见病分析。

第一节 鳗鲡病害发生的原因

鳗鱼发生病害的原因很多，人工养殖条件下主要表现为：

（1）**饲料问题** "病从口入"，鳗鱼与其他动物一样，摄食往往是导致病患的重要原因。饲料是否营养、卫生，是否存在有害物质，以及摄食超量与不足，都可能造成营养不良、抗病能力减弱和消化道炎症。

（2）**水质不适** "鱼儿离不开水"，水环境是鳗鱼生存的重要条件。因残饵、粪便或密度过大引起的水质恶化、溶氧量不足，都会对鳗鱼生长构成重大影响。

（3）**病原体侵袭** 在条件适宜的环境下，水源、养殖环境和生物饲料带来的病原体滋生繁衍，在其侵袭下，受害的首先是抗病能力下降的弱者。

（4）**人为损伤** 运输、选别、用药、清洗池塘等活动中，若操作不当，很可能造成鱼体损伤。

所以，鳗鱼病害是由鳗鱼体、外界环境、病原体三方面相互共同作用的结果。如果鳗鱼的生活环境处于良好状态，水体生态平衡，那么病原体就不可能大量繁殖造成危害；如果鳗体健壮、有较强抗病力，机体对病原不敏感，鳗鱼就不会染病。

第二节 鳗病的防治原则

鳗鱼病害的防治主要包括疾病的诊断、预防和治疗。要有效做到防治效果，必须掌握病原生物的形态构造、分类地位、生态习性、繁殖、生活史、传播途径、药物性能及作用机理，以及对鳗鱼的生活习性、生态要求的必要了解。

养殖鳗鱼的病害分为生物性疾病和非生物性疾病。生物性疾病包括由病毒、真菌、细菌和寄生虫等导致的各种传染病。非生物性疾病是由机械损伤、营养不良、水质中毒、缺氧和药物或食物中毒等引起的疾病。养殖过程中，生物性疾病危害最大。因此，鳗鱼病害的防治的重点在于抓好生物性疾病的防治。非生物性疾病主要在防治营养性疾病、中毒等，对其他非生物性疾病的防治，一般可通过改善养殖条件、规范操作技术和加强管理等措施来解决。

鳗鱼病害的防治应该做到"无病早防、有病早治、防重于治"。在预防上，注意消灭传染病的来源，切断传染和侵袭途径，提高鳗体抗病力，采取综合性的预防措施。鳗病的预防要从以下几个方面进行：

（1）**培育好水质** 保证鳗鱼有一个良好的生活环境。培育好微囊藻，控制水质不能太瘦或过肥，经常换水，尽量保持水体透明度适中，溶氧要稳定，控制水中氨、亚硝酸盐有害离子的含量。

（2）**合理投饵** 避免因鳗鱼暴食造成伤害，定期投喂免疫多糖等免疫增强剂，提高鱼体的抗病能力，预防疾病的发生。

（3）**定期消毒** 针对细菌、寄生虫的特点，定期对池水进行消毒，每月至少 $1 \sim 2$ 次。

（4）**加强生态防治** 如加温注水、加入光合细菌等有益生物、换池等。

第三节　鳗病的简易诊断与治疗

及时、准确地判断病症，确定病原是治疗疾病的关键。判断病症一般从观察鱼体入手，主要观察体表与鱼鳃（彩图13）。在此基础上，再通过显微镜进行镜检（图5-1）。

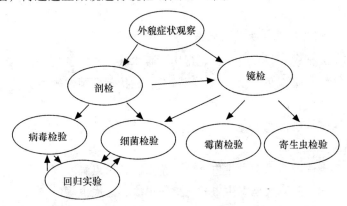

图5-1　疾病诊断的一般流程

1. 体表所见与疾病的联系

①体表有粗糙的小白点——白点病、水霉病。

②体表有大白点——皮肤两极虫病。

③肌肉有凹凸状——萎瘪病。

④下颚有出血点及小孔——锚头鳋病。

⑤下颚至腹部点状出血，用纸擦可见血迹——赤点病、链球菌病。

⑥肛门肿胀、肛门、肝脏、肾脏部分隆起或溃疡——爱德华氏病。

⑦体表有直径约1厘米的肿胀或溃疡——鳗弧菌病。

⑧头部（有时在体表）有脓包或溃疡——头部溃疡症。

⑨腹部肿胀或尾部擦伤、缺损，附着有黄白色的小黏块——烂尾病。

⑩体色发白、腹部膨胀——腹水病。

⑪体色发白、鳃出血——烂鳃病。

⑫体表黏液增多——寄生虫病。

⑬腹部下陷，肌肉透明——鳃肾炎。

⑭体表附着白色絮状物——水霉病。

⑮体表（特别是腹部）带黄色——亚硝酸中毒症（高铁血红蛋白症）。

2. 鳃片所见与疾病的联系

①鳃褪色、呈白色——烂鳃病，腹水病。

②鳃呈暗红色，出血——鳃肾炎、柱状黄杆菌性鳃病。

③鳃丝损缺——烂鳃病。

④鳃片肥厚、粘连、棍棒化——烂鳃病、鳃肾炎、黏液细菌鳃病。

⑤鳃片内有小型寄生虫——车轮虫病、白点病。

⑥鳃片内有大型寄生虫——指环虫病、三代虫病。

⑦鳃丝、鳃片有白色圆形虫——两极虫病。

⑧鳃丝呈巧克力色——亚硝酸中毒症。

第四节 鳗鲡常见疾病

一、病毒性疾病

（一）日本鳗鲡开口病

1. 病原或病因

日本鳗鲡开口病（Open – mouth disease of japonica eel）又称日本鳗鲡出血性开口病，其病因不详，有学者认为是病毒性疾病（彩图14和彩图15）。

2. 主要症状

口腔黏膜充血，浮肿，口腔肌肉腐烂，口张开，不能闭合。

上、下颌充血，腐烂，上颌缩短，额骨、顶骨与相邻骨失去连接。齿骨与关节骨之间连接从骨缝处松脱、断开，导致口腔完全失去张闭能力而呈开口状态。病鳗严重出血，主要为颅腔，其次为口腔和头部肌肉。内脏无明显症状，严重时可见肝脏肿大、出血甚至溃疡，肾脏无明显病变，有时病鳗继发感染细菌等导致鳍条充血。

3. 流行及危害

流行季节为 6 月下旬至 10 月份，流行水温为 25～30℃，7—8月份为流行高峰期。在我国养殖的日本鳗鲡中曾发现此病，引起的死亡率高达 90%。

4. 诊断

病鳗口张开，口腔出血。

5. 防治方法

目前无有效防治方法，只能隔离或销毁病鳗，以防传染蔓延。

（二）狂游性死亡症

1. 病原或病因

狂游性死亡症（Irritable swim symptom of eel）的病因至今不详，陶思增、黄印尧等认为与病毒有关。

2. 主要症状

本症突发性强，无明显发病前兆。精养池发病早期，群体摄食正常。病鳗表现为活力下降，呼吸功能减退，被水流冲至排污箱口，聚积于排污箱（彩图 16），体表黏液脱落，徒手能捞起病鳗，鳃黏液严重增生，黏液细胞外突并脱落，随病情发展，聚积于池中央的病鳗数量迅速增加，部分病鳗表现为活动异常，呈倒退性活动或在池底摩擦导致下颚和腹部具有明显磨损斑点。死亡鳗鲡表现为窒息状，口张开、躯体僵硬呈棍棒状（彩图 17）。土池发病早期，清晨或傍晚可见个别病鳗在水面头上仰作蛇行游动，随着病情的发展，部分病鳗于光线弱的时候靠岸，尾部向岸或钻入池堤，遇声响等刺激时倒退入池，病情严重时对刺激不敏感，下颌磨损，磨损处黏脏（彩图18），死亡的情况及死亡鱼体症状同精养池，随病情发展死亡迅速递增，群体摄食下降或绝食，日死亡可达几百至上千尾。

3. 流行及危害

本症发现于养殖的欧洲鳗鲡和美洲鳗鲡，日本鳗鲡未发现，即使不同种鳗鲡混养，日本鳗鲡亦不受感染。养殖各阶段及各种养殖模式均发生，流行高峰期为7—9月份的高温季节，周年发生，但低温季节发病率低。具有极强的传染性，不但在同一养殖场传染，而且往往跨区蔓延。水源条件相对好、管理精细、夏季养殖池水温不超过28℃的养殖场发病率低。本症引起的死亡率极高，往往达90%左右，呈急性死亡。本症为欧洲鳗鲡和美洲鳗鲡危害最为严重的疾病。

4. 诊断

根据发病过程及主要症状诊断。

5. 防治方法

目前无特别有效的防治方法。在生产实践中发现，药物使用不当是诱发本症的主要因素，因此在养殖生产中应谨慎用药，尤其是刺激性较强的药物。现在养殖生产中采取的主要措施是以调节水质为主，使之适合鱼体要求；使用维生素C、中草药类如大黄、蒲公英、茵陈以及改善鱼体微循环作用的药物和抗病毒类药物，具有一定的疗效。

（三）日本鳗鲡鳃肾炎

1. 病原或病因

鳃肾炎（Branchionephritis of eel）的病因至今尚未完全明确，有学者认为与环境（水温、水质）和营养条件（越冬饥饿）有关；也有学者认为与病毒有关；还有学者认为与细菌有关。

2. 主要症状

鳃肾炎病鳗的主要病变表现在鳃和肾脏上。病鳗不摄食，活力下降，体弱，腹部中线凹入，肝脏部位突起，外观无其他异常，鳃丝呈暗黑色，鳃上皮细胞增生，鳃小片变形粘连形成棍棒状鳃丝（彩图19）。肾脏肿大、颜色变深，肾脏肾小管上皮细胞玻璃样变性，肾小球变性、崩溃，血液中氯离子浓度由正常的115～125毫克/升降至80毫克/升以下，严重时降至20～40毫克/升。

3. 流行及危害

1—3月低水温期为流行高峰期，1—8月均有流行，引起的死亡率高，主要危害日本鳗鲡，至今未见欧洲鳗鲡患鳃肾炎的报道。在室内冬季加温池未见发病，仅发生于冬季水温低于16℃以下的养殖池。

4. 诊断

日本鳗鲡于低水温期无明显外部症状，鳃棍棒化，肾脏肿大色深，死亡率高。

5. 预防

①冬季保持养殖期水温在20℃以上；②冬季保持适当投饵率使鳗鲡摄食足以保持正常体能所需营养；③饲料中补充维生素E，提高其抗病抗寒能力。

6. 治疗

①升温至20℃以上；②在盐度为5～8的盐水中浸浴5～7天。

（四）鳗鲡花椰菜病

1. 病原或病因

又称口部乳头肿。病原尚未研究清楚，部分学者认为是病毒性疾病。

2. 主要症状

头部及吻端出现乳头状瘤，初期在头部侧面出现灰白色斑点状皮肤增生，增生物迅速增大为疣状物，疣状物周围发炎，有时疣状物脱落后留下斑状病灶，病灶处发炎甚至出血（彩图20）。病鱼绝食，逐渐衰弱死亡。

3. 流行及危害

仅发生于欧洲鳗鲡的幼鳗和成鳗阶段，发病率较低，引起危害小。

4. 诊断

凭头部出现的疣状物可确诊。

5. 预防与治疗

无良好的防治方法。

二、细菌性疾病

(一) 烂鳃病

1. 病原或病因

烂鳃病（Gill - rot disease of eel）病原体为柱状嗜纤维菌（*Cytophaga columnaris*）、柱状屈挠杆菌（*Flexibacter Columnaris*）和嗜水气单胞菌（*Aeromonas hydrophila*）等。

柱状嗜纤维菌和柱状屈挠杆菌分类上分属于嗜纤维菌目（Cytophagales Nomen novum）嗜纤维菌科（Cytophagaceae）中两个不同的属，柱状嗜纤维菌属于嗜纤维菌属（*Cytophaga*），而柱状屈挠杆菌属于屈挠杆菌属（*Flexibacter*）。两属的主要区别是前者能够作用多糖类如洋菜、纤维素、几丁质及藻酸而后者不能。嗜纤维菌属细菌革兰氏阴性，滑动运动，细胞单个，短的或延长的可屈挠的杆状或丝状，不分枝，无鞘或非螺旋状，细胞大小为（0.3~0.7）微米×（5~50）微米；有机化能营养，呼吸代谢；产黄色、橙色或红色类胡萝卜素色素。屈挠杆菌属细菌革兰氏阴性，滑动运动，细胞呈可屈挠的杆状或丝状，细胞大小为0.5微米×（5~100）微米；有机化能营养，通常是呼吸代谢；产黄色、橙色或粉色类胡萝卜素色素。

柱状嗜纤维菌菌体细长，柔韧，可屈挠，一般在病灶及固体培养基上的菌体较短，在液体中培养的菌体较长，没有鞭毛，但在湿润固体上可作滑行；或一端固着，另一端缓慢摇动；有团聚的特性。菌落黄色，大小不一，扩散型，中央较厚，显色较深，向四周扩散成颜色较浅的假根状，不产生小孢子。生长最适温度为28℃，37℃时仍可生长，5℃以下则不生长；培养基中含氯化钠0.6%以上不生长；pH值为6.5~8时均可生长；pH值为8.5时不生长；好气。

柱状屈挠杆菌大小为（4~8）微米×（0.5~0.7）微米，菌落为扁平，周缘为蓝绿色树根状，严格好气，于4~30℃下均能生长，耐盐度范围为0~5，10时不能生长。利用贫营养基能培养。

嗜水气单胞菌是水生生境的自然栖息菌，分类学上属弧菌科（Vibrionaceae）气单胞菌属（*Aeromonas*），是气单胞菌属的模式种。温度在5~40℃均能生长，最适宜温度为28℃，pH值在6~10均能生长，最适宜pH值为7.2~7.4，适宜盐度范围0~4，最适宜盐度5。嗜水气单胞菌是革兰氏阴性杆菌，有时呈球杆状或丝状，大小为（0.3~1.0）微米×（1.0~3.5）微米，具动力，有薄荚膜，无芽孢；嗜水气单胞菌在血琼脂平板上形成2毫米大小、圆形、光滑、湿润、稍凸、灰白色或淡灰色的菌落，有狭窄的β溶血环；在麦康凯琼脂平板上菌落中等大小、光滑、湿润、无色、半透明；多数菌株在SS琼脂和TCBS琼脂（硫代硫酸盐—柠檬酸盐—胆汁酸盐—蔗糖琼脂）平板上不生长。嗜水气单胞菌是化能异养菌，具呼吸和发酵两种代谢类型。主要的生化特性为氧化酶阳性；发酵葡萄糖、蔗糖、阿拉伯糖产酸产气，不发酵乳糖；胆汁七叶苷、精氨酸双水解酶、赖氨酸脱羧酶和硝酸盐还原试验阳性。

2. 主要症状

病鳗表现为体弱，体色加深，不摄食，在水面或池边或增氧机附近水流缓慢处游动，鳃孔周围充血发红，胸鳍充血，鳃黏液分泌增加，呼吸频率加快。鳃丝充血，黏脏，轻压鳃部从鳃孔流出血色黏液，有时单鳃呼吸。一般伴有胸鳍充血及臀鳍充血发红现象（彩图21）。取少量鳃丝作水封片在显微镜下观察，可见鳃丝顶端水肿，黏液层细胞排列紊乱，黏液细胞增生、脱落，继而顶端上皮细胞融合，呈黄色，鳃瓣棍棒化，溃烂出现进而整条鳃瓣溃烂，上皮细胞溃解，严重时鳃瓣仅剩软骨。还常伴有出血点，病鱼内脏器官的主要病变为肝脏胆囊、肾脏微肿，色加深或变浅具出血点，肠道无食物，肠壁充血，有时肠胃积水。

3. 流行及危害

该病周年发生，流行高峰为春夏、夏秋、秋冬交替季节及高温期的夏、秋两季，欧洲鳗鲡、日本鳗鲡和美洲鳗鲡均有发生。在水质差、砂石底和老化的养殖池中容易发生；水质优、排污彻底的养殖池中发病率低，在鳗种、幼鳗期能引起较高的死亡率，而在成鳗期死亡率不高，但累积死亡率高。

4. 诊断

①鳃孔周围充血，鳃丝排列紊乱，胸鳍充血，轻压鳃部流出血色黏液，鳃上皮细胞外突脱落，鳃瓣顶端棍棒化，取溃烂处鳃组织制作水封片，可发现大量杆状菌及活动短杆菌，尤其在流行高峰季节出现上述症状即可初诊；②确诊需进行病原菌的分离鉴定，并进行病理切片，观察鳃部病理变化。

5. 预防

①每天排污彻底，如为土池养殖，则应保持水色及透明度稳定；②定期预防及治疗鳃寄生虫病，以防鳃受损；③用药剂量适度，不要使鳗鱼受刺激，引起黏液增生；④设置栖息台。

6. 治疗

(1) 精养池　首先将池塘清洗干净，大量换水，然后进行下述处理：①噁喹酸5毫克/升浸泡24～48小时；②土霉素20～30毫克/升浸泡24～48小时；③黄连15毫克/升、五倍子2～5毫克/升、大黄3～5毫克/升和黄芩3～5毫克/升煎汁浸泡，每次浸泡24小时，连续2～3次；④聚维酮碘，每天1次，连续2～3天。如果池水水质较差，可考虑首先使用氧化剂或水质改良剂，改善水质后再作上述处理。上述处理后仍应使用含氯消毒剂处理2～3天，以巩固疗效。

(2) 土池　首先改善水质，然后进行下述处理：①聚维酮碘和土霉素3～6毫克/升，每天1次，连续2天。②有机碘1.5毫克/升，连续2天。按上述方法处理的同时，应培养水中浮游植物，并使用含氯消毒剂，巩固2～3天。

7. 注意事项

养殖鳗鲡细菌性烂鳃病的发生，往往是由于前期受其他病原或病因的影响，如寄生虫病、水质不良等，所以在治疗细菌性烂鳃病的过程中，应注意诱发因素的去除，如去除寄生虫，改善水质条件，这样才能达到治愈的目的。

（二）烂尾病

1. 病原或病因

烂尾病（Tail‐rot disease of eel）病原体为柱状嗜纤维菌（*Cytophage Columnaris*）和嗜水气单胞菌（*Aeromonas Hydrophila*）等。病原体特征如前所述。

2. 主要症状

病鳗表现为体弱，于水面缓游，反应迟钝，食欲不佳。病鳗首先表现为尾部黏液脱落，色发白，喜悬挂于栖息台或饵料台，病灶处黏脏，尾部表面呈黄色，进而病灶处皮肤出血、发白及溃疡，皮肤表面溃疡后，细菌进一步感染真皮及肌肉，使肌肉溃烂，严重时尾部皮肤肌肉组织溃烂脱落，仅剩脊椎骨外露，受碰撞后尾椎断裂。细菌经创伤处组织感染全身，使病鳗伴有烂鳃及胸鳍、臀鳍充血现象。内脏器官中肝脏、肾脏肿大，肠道无食物，肠道壁充血，肾小管上皮细胞相互融合，部分肾小球坏死，心脏水肿，具结疖状坏死灶，鳃上皮细胞相互融合，部分鳃丝溃烂，胃黏膜层黏液增生，血细胞浸润结缔组织（彩图22）。

3. 流行及危害

鳗鲡烂尾病主要流行春夏及秋季，冬季发生少。在各养殖期中，白仔鳗发生最为严重，其次为黑仔鳗或幼鳗，成鳗发生少。欧洲鳗鲡、日本鳗鲡及美洲鳗鲡均会发生。该病主要诱发因素为养殖过程中操作对鱼体造成的机械损伤，尤其在白仔鳗培育期，水位浅，大多幼小鱼体在池底活动，清扫池底时方式不正确会造成鳗鲡体表损伤；有些养殖场在加热管周围未加护网，不加热时少量鳗鲡喜吊挂在加热管口，一旦加热，会烫伤鱼体皮肤；排污换水过程，水流太急，水量大，少量鳗鲡被水流卷入池的中央尾部倒插入排污栏而引起机械损伤；使用氧化能力强的药物时，未驱赶水面游动的鱼或未充分稀释后全池泼洒，导致鳗鲡皮肤损伤后受病原体感染。部分鱼体感染病原体，从而导致病原体在养殖池中大量繁殖或直接接触感染健康鳗鲡而导致健康鳗鲡发病。往往 1~2 天能感染全池鳗鱼 60% 左右，规格较小的鳗鲡易引起大量死亡，大规格鳗鲡日死亡率不高，但该病不易彻底治愈。

4. 诊断

①鳗鲡尾部皮肤黏液脱落，色发白，溃疡黏脏，肉眼可见尾部皮肤及肌肉溃烂，可初诊；②尾鳍充血，刮取尾部体表黏液，制水封片观察，可见大量杆状细菌或活动短杆菌可确诊。

5. 预防

①清洗池塘时，洗池刷紧贴池底向前缓推，不要来回洗刷；②排换水时，勿敞开排污管，减轻水压，勿使鳗鲡被水流冲进排污栅；③加热管周围要加防护栏，不要使鳗鲡被烫伤；④使用氧化剂时，应充分稀释并驱赶水面鱼体后，全池均匀泼洒。

6. 治疗

①食盐 0.5%~0.7% 与土霉素 10~15 毫克/升浸浴 48 小时；②有机碘 1~2 毫克/升与土霉素 3~6 毫克/升，每天 1 次，连续 2~3 次。经上述处理后，再持续使用含氯消毒剂消毒 2~3 天，并内服维生素 E、维生素 C 及土霉素或复方新诺明，使鳗鲡完全恢复。

7. 注意事项

烂尾病的预防及治疗，首先应避免操作引起的鳗鲡损伤，其次当外观症状消失后，仍应使用药物控制病原体或对皮肤加以保护，确保鱼体皮肤恢复正常后再停止用药。

（三）爱德华氏菌病

1. 病原或病因

爱德华氏菌病（Edwardsirosis of eel）又称肝肾病，病原体为迟钝爱德华氏菌（*Edwardsiella tarda*）、浙江爱德华氏菌（*E. Zhejian-*

gensis）或福建爱德华氏菌（*E. Fujianensis*）。

爱德华氏菌分类学上属于肠杆菌科爱德华氏菌属，分布于鱼类、爬虫类和水。迟钝爱德华氏菌革兰氏染色阴性，菌体小、直，大小一般为（1.0～1.5）微米×（2～3）微米，具周生鞭毛。在蛋白胨和类似的琼脂培养基上培养24小时后出现生长物，菌落小，直径约0.5～1.0毫米；在血琼脂平板上形成灰白色、湿润、凸起、光滑的菌落；在麦康凯琼脂平板上形成无色半透明、湿润、光滑的菌落。生长需要维生素和氨基酸。生化性状为兼性厌氧，氧化酶阴性，接触酶阳性，赖氨酸脱羧酶和鸟氨酸脱羧酶阳性，精氨酸双水解酶阴性，还原硝酸盐为亚硝酸盐，发酵葡萄糖，产硫化氢，不发酵乳糖、木糖、山梨醇和甘露醇。

2. 主要症状

病鳗胸鳍、臀鳍充血发红，不摄食，肛门红肿突出，肛门周围皮肤充血。由于肝脏、肾脏肿大，垂直鱼体可见腹部具有明显凹线。解剖观察病鳗肝脏肿大，淤血色深，具出血点，严重时肝脏具斑块状溃疡病灶，切开肝脏可见肝脏糜烂呈蜂窝状，腹腔内膜溃疡并入侵肌肉组织，使肌肉溃烂形成从内向外穿孔，胆囊肿大，胆汁色淡，肾脏肿大具溃疡病灶。脾脏淤血，色发黑，肿大。肠道呈卡他性肠炎，胃、肠内积大量血色液体，轻压腹部从肛门流出红色脓液。病理切片显示内脏器官呈化脓性炎症，实质细胞坏死变性，产生炎性血栓（彩图23和彩图24）。

3. 流行及危害

该病流行季节为夏季高温期，但由于种苗培育期水温一般保持在26℃左右，因而在春季培苗季节时常有发生。尤其在白仔鳗培育期间，主要投喂鲜活饵料丝蚯蚓，如果丝蚯蚓暂养时间短，吐食不净或消毒不彻底，病原体经丝蚯蚓带入，经口传播概率极大而暴发肝肾病。各种养殖均可发生。在苗种期常为急性病，形成批量死亡，在幼、成期，表现为慢性传染病，日死亡率不高，但累积死亡量大。

4. 诊断

①一般凭借外观症状（肝、肾肿大，病鳗垂直腹部具显著凹

线），即能初诊；②需进行病理切片、病原体分离培养才能确诊；③利用血清学方法诊断。

5. 预防

①投喂的鲜活饵料丝蚯蚓要经暂养 4～5 天以上，并不断搅动流水，及时刮除丝蚯蚓吐出的体内脏物，每天压爬 1 次，取出能爬出的活的丝蚯蚓进行暂养。投喂前将已吐净体内脏物的干净丝蚯蚓，用 0.75% 食盐水浸泡，刺激其吐出体内残留脏物，浸泡时间为 0.5 小时，然后用洁净水冲洗干净，再用 1～2 毫克/升高锰酸钾或 0.8～1.5 毫克/升二氧化氯浸泡 10～15 分钟，冲洗干净后，再用 100 毫克/升左右的土霉素浸泡 30 分钟后直接投喂。②投喂的配合饲料要求新鲜、质优，在高温季节适量投喂，不要饱食。③合理用药，不要损伤鱼体、肝脏及肾脏。

6. 治疗

（1）白仔、黑仔期爱德华氏菌病　为急性病，以药浴和内服并重的方法控制。①盐度为 5～7 的食盐水和 5 毫克/升恶喹酸浸泡 36～48 小时。②3～8 毫克/升的恶喹酸浸浴 36～48 小时。经上述处理后，用含氯消毒剂连续消毒 2～3 天。如果投喂丝蚯蚓，一旦鱼体达到 2 克左右，应及时转为人工配合饵料，在饵料中添加 0.1%～0.2% 的土霉素或 0.1%～0.2%（按饲料重）恶喹酸、0.2% 维生素 C，连续投喂 10～15 天。

（2）幼、成鳗期爱德华氏菌病　为慢性病，以内服为主辅以药浴予以控制。①水温降至 25℃ 以下保持一周。②用含氯消毒剂全池泼洒，使有效氯浓度达 0.2～0.3 毫克/升，隔天 1 次，连续 3～4 次。在池水消毒的同时，还要注意调节水质，在饲料中添加病原体敏感的药物进行治疗，一般添加恶喹酸或氟苯尼考 0.1%～0.2%、每千克饲料中加入 10 片肝泰乐，内服 10～15 天。在治疗过程中，控制投饲量，饲料添加速度不宜过快，并保持池水清洁。

（四）肠炎病

1. 病原或病因

肠炎病（Enteritis disease of eel）病原体为嗜水气单胞菌

（*A. hydrophila*）。病原体特征如前所述。

2. 主要症状

发病前食欲正常，一旦发病，食欲明显下降，甚至绝食。初期可见池水面、角落漂浮鳗鲡排出的粪便，粪便外包黏膜，使粪便漂浮。部分病鳗离群独游或于固着物悬挂，活力下降，投喂饲料时对饲料无反应，肛门红肿外突，解剖可见消化道黏膜层脱落，消化道壁呈炎性反应或出血而呈红色，消化道内含黄色或白色黏液，严重时肠道内积凝结血块，轻压病鳗腹部从肛门流出脓汁散发恶臭气味，后期胃、肠严重积水，外观病鳗腹部膨胀。肝脏呈淡黄色，显示脂肪肝样，肾脏肿大，淤血呈褐色，胆汁色淡（彩图25）。

3. 流行及危害

主要流行于春夏、夏秋、冬春交替季节，尤其在短时间内气候剧变季节易发生，在环境条件变化异常时仍保持较高投饵量也容易暴发。各种养殖鳗鲡均可发生。饲料配方不当或饲料变质亦易导致该病暴发，同样，添加剂或饲料中随意添加药物，亦易导致肠炎病的发生。该病传染速度快，但一般不会引起较大死亡。

4. 诊断

①体表及鳍无明显病变，肛门红肿外突，轻压腹部流出脓汁可初诊；②水面漂浮大量粪便可初诊；③解剖内脏出现典型的肠炎症状可确诊。

5. 预防

①投喂新鲜优质饲料，勿投喂储存过久或原料已变质的饲料；②环境条件突变时，要降低投饵量，并在饲料中添加助消化添加剂及少量抗菌药物（如黄连素）；③不要任意添加各类添加剂，鱼油添加量应根据不同水温及鱼体大小推荐量使用，并使用优质鱼油。

6. 治疗

首先查出起始因素，排除可能由于投饵量不当或饲料质量等发病因素后，进行下述处理。①用含氯消毒剂，隔天1次，连续2~3次，并及时调节池水使之适于鳗鲡摄食，引诱鳗鲡上台摄食，停加鱼油，在饲料中添加0.1%磺胺嘧啶或黄连素或大蒜素，并添加助消化利胃的药品如酵母、利胃散等连续投喂一周。②用生大蒜0.5%~1.0%磨浆拌饲料，连续投喂一周。

7. 注意事项

肠炎病的治疗，不但要重视抑制和杀灭消化道内的病原菌，同时应重视内脏功能的恢复，所以在后期往往在饲料中添加肝泰乐、利胆片等恢复肝胆功能才能彻底治愈，否则一旦当抗菌药物停用后，该病又将复发。

（五）弧菌病

1. 病原或病因

弧菌病（Vibriosis of eel）病原体为创伤弧菌（*Vibrio vulnificus*）或鳗弧菌（*V. anguillarum*）。

创伤弧菌和鳗弧菌在分类学上属于弧菌科弧菌属的不同种。两者皆为条件致病菌，平时在海水和底泥中都可发现，在健康鱼类的消化道中也是微生物区系的重要组成部分，但是一旦条件适宜时就成为致病菌，能引起世界范围内50多种海淡水养殖鱼类及其他养殖动物发生弧菌病。鳗弧菌革兰氏阴性，有运动力，短杆状，稍弯曲，两端圆形，（0.5~0.7）微米×（1~2）微米，以单极生鞭毛运动，有的一端生两根鞭毛或多根鞭毛。没有荚膜，兼性厌氧菌。不抗酸。在普通琼脂培养基上形成正圆形、稍凸、边缘平滑、灰白色、略透明、有光泽的菌落。对2，4－二氨基－6，7－二异丙基喋啶敏感。氧化酶阳性。在硫代硫酸盐—柠檬酸盐—胆汁酸盐—蔗糖琼脂（TCBS）培养基上易生长。生长温度为10~35℃，最适温度为25℃左右。生长盐度为5~60，甚至70，最适盐度为10左右。生长pH值范围为6~9，最适pH值为8。创伤弧菌革兰氏阴性，端生鞭毛，无芽孢，无荚膜，在普通营养琼脂平板上的菌落呈光滑、圆形、湿润、隆起、灰白色，在TCBS平板上生长良好，氧化酶阳性，发酵葡萄糖，对弧菌抑制剂敏感。同时，创伤弧菌对人类也具有致病性，可以导致人类发生严重的腹泻等消化道疾病、创伤感染或败血症。

2. 主要症状

病鳗活力下降，游动缓慢，皮肤黏液脱落，表皮粗糙。发病初期摄食量下降，在体表及尾部出现小点状出血，进而皮肤出现白色隆起点，隆起周缘皮肤呈炎症状红色，隆起内部表皮坏死、化脓。随着病情发展，白色隆起破裂露出腐烂病灶，病灶中央凹陷，溃疡，由表皮发展至真皮及肌肉，流出脓汁，边缘呈红色。胸鳍、臀鳍、下颚充血。大多病鳗肛门红肿，肠道发炎，肝脏色浅，肾脏色深，鳃伴有溃烂现象（彩图 26 和彩图 27）。

3. 流行及危害

该病在各养殖种类鳗鲡均有发生，流行高峰期为水温较高的夏秋两季，春冬季节发病少。一般发病水温在 28℃ 以上，当水温低于 25℃ 时较少发病。该病主要流行于沿海地区，发病池所用水源含有一定盐分，所以海水网箱养殖亦易发生，在纯淡水养殖中尚未发现过该病的流行。传染速度快，引起的死亡率高。

4. 诊断

①凭体表出现典型溃疡病灶，所用水源含盐分可初诊；②用 TCBS 选择培养基，从内脏、血液分离到病原可确诊；③用血清学方法诊断。

5. 预防

①夏季高水温季节尽量避免引入含盐水源；②保持水质清洁，发病高峰期定期使用消毒剂消毒池水；③鱼体操作后要及时药浴；④用免疫制剂预防。

6. 治疗

清洗池塘，有条件者可将水温降至 25℃ 以下，并用纯淡水替换含盐水源后进行下述处理。①聚维酮碘浸浴 6 小时后用土霉素 15～20 毫克/升浸浴 24～36 小时。②高锰酸钾 1.5～2.5 毫克/升浸浴，3～4 小时后大换水，然后用土霉素 3～5 毫克/升浸浴 24～36 小时。③二氧化氯长期浸泡，连续 2～3 天。④含氯消毒剂长期浸浴，使有效氯浓度达 0.2～0.3 毫克/升长期浸泡，每疗程 2～3 天。在上述处理的同时，在饵料中添加复方新诺明或土霉素或氟苯尼考，连续投喂 10 ~ 15 天。

（六）脱黏病

1. 病原或病因

脱黏病（Mucous – sloughing disease of eel）已分离到多种细菌，非 O1 群霍乱弧菌（Vibrio cholerae non – O1）已人工感染及回归成功。

非 O1 群霍乱弧菌分类上属于弧菌科弧菌属霍乱弧菌种。霍乱弧菌根据其菌体表面的 O 抗原分成 100 多个血清型，非 O1 群霍乱弧菌是除 O1 群和 O139 群以外的其他血清型霍乱弧菌的统称。非 O1 群霍乱弧菌的致病因子为霍乱样肠毒素、耐热肠毒素、溶血素、甘露醇敏感血凝素等，但非 O1 群霍乱弧菌不产生能引起霍乱在人类中流行的霍乱毒素（CT）。

非 O1 群霍乱弧菌革兰氏染色阴性，菌体弯曲呈弧形或逗点状，大小为（0.5 ~ 0.8）微米 × （1.4 ~ 2.4）微米。菌体单端有一根鞭毛，因此动力极为活泼，取活菌悬滴法直接镜检可见其活泼的动力，暗视野显微镜检查犹如夜空中的流星。非 O1 群霍乱弧菌营养要求简单，在普通营养琼脂平板上生长良好，生长温度为 16 ~ 42℃，最适生长温度为 37℃，最适 pH 值为7.2 ~ 7.4，耐碱不耐酸，在 pH 值为 9.2 时仍能生长，因此可用 pH 值为 8.2 的碱性蛋白胨水作为分离非 O1 群霍乱弧菌用的弱选择性培养基。在碱性蛋白胨水中生长迅速，经35℃、6 ~ 12 小时培养，在培养基表面大量繁殖，并形成薄的菌膜。常用的选择性培养基为硫代硫酸盐—柠檬酸盐—胆汁酸盐—蔗糖琼脂（TCBS），在上面形成较大、圆形、光滑、湿润、凸起的菌落，因发酵蔗糖菌落呈黄色；在碱性琼脂平板上经35℃、24 小时培养，形成的菌落中等大小，直径约2 毫米，圆形、边缘整齐、表面光滑，湿润、透明或半透明，无色或带砖青色，如水滴状，随培养时间的延长，透明度降低，甚至变为不透明；在糖双洗琼脂或庆大霉素琼脂上形成的菌落中心呈灰褐色。

非 O1 群霍乱弧菌的生化性状为兼性厌氧，具有呼吸和发酵两种代谢类型，氧化酶阳性，能还原硝酸盐为亚硝酸盐，明胶酶阳性，赖氨酸脱羧酶和鸟氨酸脱羧酶阳性，精氨酸双水解酶阴性，发酵葡萄糖、麦芽糖、甘露糖、蔗糖、果糖、半乳糖，不发酵阿拉伯糖、卫矛醇、木胶糖、鼠李糖和水杨苷。

非 O1 群霍乱弧菌营养要求简单，在普通营养琼脂平板上生长良好，生长温度为 16～42℃，最适生长温度为 37℃，最适 pH 值为 7.2～7.4，耐碱不耐酸。

2. 主要症状

病鳗体弱，在池边水面或水底顺水或逆水缓慢游动，或在池中央水面缓游，严重时病鳗无力游动，吊挂于饲料台或水中柱桩等固着物。体表黏液呈斑块状脱落，一般呈圆形或椭圆形斑，黏液脱落病灶处体色改变，使鳗体表呈花斑状。病灶起始主要分布于头顶及躯干部，呈小点状，然后扩展成斑块，病灶在水中呈蓝色，随着病情的发展，斑块状病灶处溃疡，中央为白色，周围呈炎性反应，为红色，进一步溃疡发展至真皮层，此期鳗体披增生堆积的黏液。头部顶端发红，吻端出血或溃烂，鳃丝色淡、黏液增生、脱落并溃烂。胸鳍、臀鳍充血发红。肝脏肿大，肝脏细胞肿胀，核固缩并形成坏死结疤，肾脏坏死严重，部分肾小管萎缩，肠道发炎，胃黏膜层脱落。肝脏肿大，部分细胞坏死（彩图 28）。

3. 流行及危害

该病为近年欧洲鳗鲡和美洲鳗鲡养殖中新发现的疾病，1995 年在福建省养殖部分欧洲鳗中流行，1996 年在欧洲鳗养殖区广泛流行，1997 年、1998 年在全国欧洲鳗养殖区流行。主要流行季节为夏秋两季，春冬发病率较低，从 1997 年流行情况看，该病发生时间在不断延伸，春季亦开始流行，从幼鳗至成鳗期均发生，主要在筛选后 3～5 天发生，传染速度快，往往 1～2 天内感染全池 30% 以上，传染强度高，一池发生，全场养殖池均能被传染，引起的死亡率高且病程拖延时间长，一般从发病至彻底痊愈要历经半个月的时间。

4. 诊断

凭外观体表出现斑块状脱黏病灶即可确诊。

5. 预防

①操作鱼体时动作要轻柔，勿使鳗体受伤，并在筛选操作后放养

于与选别操作前相同的水质中养殖；②养殖过程中保持水质的稳定，勿产生环境紧迫；③在高温期，尽量少用刺激性强的药物如福尔马林，必需时亦应掌握剂量，勿使鱼体产生应激反应，导致黏液增生。

6. 治疗

添加食盐，保持盐分为 3 ~ 4，并用复合中药制剂、抗生素（如土霉素）5 ~ 10 毫克/升浸浴，每个疗程连续 3 天，每天换水 1/3，三天后用 1.5 ~ 2.5 毫克/升有机碘和 5 ~ 6 毫克/升土霉素浸浴，每天 1 次，连续 2 天后大换水。用含氯消毒剂巩固消毒 2 ~ 3 天。使用中药复合制剂：黄连 15 ~ 20 毫克/升，大黄 3 ~ 5 毫克/升，黄芩 3 ~ 5 毫克/升，五倍子 1 ~ 3 毫克/升，甘草 3 ~ 5 毫克/升，加 5 倍水煎开 0.5 小时后过滤取汁全池泼洒。上述处理后迅速调节水质、投喂饲料，饲料中添加抗生素、维生素 E、山莨菪碱连续投喂 10 ~ 15 天。

7. 注意事项

①治疗期间严禁使用福尔马林；②病情严重尤其是隔年老鳗发病严重时，首先应注意其体质较弱，所以在用药期间要注意调节水质，投喂饲料恢复其体质后再行使用药浴控制。

（七）败血症

1. 病原或病因

败血症（Septicemia of eel）病原体为气单胞菌中的温和气单胞菌（*Aeromonas sobria*）、豚鼠气单胞菌（*A. cavie*）和嗜水气单胞菌（*A. hydrophila*），其中温和气单胞菌和豚鼠气单胞菌已人工感染及回归成功。

温和气单胞菌、豚鼠气单胞菌和嗜水气单胞菌三者在分类学上同属弧菌科（Vibrionaceae）气单胞菌属（*Aeromonas*）。气单胞菌属细菌自然栖息于水生环境中，为革兰氏阴性，兼性厌氧，是直、杆状或球形，末端钝圆的菌体，长 1.0 ~ 3.5 微米，宽 0.3 ~ 1.0 微米，大多拥有单极鞭毛。固体培养基上的幼龄培养物可形成周鞭毛。

2. 主要症状

病鳗体弱，在水流缓慢处顺水游动，不摄食，体色变浅。鳃盖膜水肿，充血，鳃瓣水肿，色变浅，鳃丝呈烂鳃症状，严重时头部下颚充血，似红头症状。胸鳍、臀鳍充血。腹部膨胀，腹部皮肤出血点连成片状，使整个腹部皮肤发红，轻摸腹部，手上能沾血丝。肛门红肿外突，解剖病鳗，从腹腔流出血水，内脏器官呈严重贫血状态。肝脏呈苍白色，胆囊肿大，胆汁色浅，使胆囊呈黄色或无色。消化道无食物，常充血，肾脏肿大，脾脏肿大呈褐色（彩图29、彩图30）。

3. 流行及危害

主要在养殖欧洲鳗鲡和美洲鳗鲡时发生，日本鳗鲡自2000年开始，也发现类似的症状。1995年在养殖欧洲鳗鲡发现该病，1996年、1997年、1998年连年在许多欧洲鳗鲡、美洲鳗鲡养殖场发生，主要在春末、夏、秋季流行，冬季较少发病，在黑仔鳗、幼鳗期发病率高，成鳗期发病率低。本症传染速度快，一般1～2天内全池鳗鲡被感染率达30%～40%，为急性暴发病，死亡率高，一般为10%（指全池鱼）以上。该病不易控制，从发病至完全控制一般需要10～15天时间。

4. 诊断

流行季节凭腹腔积血水、腹部皮肤发红、内脏严重失血即能确诊。

5. 预防

①在流行季节保持适宜投饵量，切勿加料过快。②调节水质使pH值在6.8以上，排污彻底，保持水质清洁。③定期使用消毒剂消毒池水，降低养殖池中病原体数量。

6. 治疗

①用含盐0.5%和5～6毫克/升土霉素溶液全池泼洒，连续2天。②同脱黏病处理方法。③用10～20毫克/升土霉素溶液，浸泡24～36小时换水后，重新加药，连续处理2次。④用15～20毫克/升生石灰水泼洒，1小时后用10～15毫克/升恶喹酸泼洒，每天1次，连续2～3

次。在上述处理的同时，在饲料中添加维生素 C、山莨菪碱，连续投喂 10 天。

7. 注意事项

在预防与治疗时，应以加强水质管理为重点，保持鱼体体质，使之保持食欲，能口服到药物，一旦能摄食到药物，本症易恢复。如果一味强调以药浴控制病情，则易导致水质恶化，病情加重后导致大量死亡。

（八）红头病

1. 病原或病因

红头病（Red - head disease of eel）病原体为鲁氏不动杆菌（*Acinectobacter Lwoffii*），有学者认为病毒亦可引起红头病。水质严重不良及使用药物过度为至关重要的诱因。

鲁氏不动杆菌为革兰氏阴性短杆菌，菌体大小在对数生长期为（0.5 ~ 0.8）微米 ×（0.8 ~ 1.77）微米，在静止期近乎球状，大多单个或成对存在，无鞭毛、不运动、无荚膜和芽孢，普通营养琼脂平板培养 24 小时后菌落特征为圆形、湿润、表面光滑、边缘整齐、半透明，直径为 0.9 ~ 1.6 毫米。鲁氏不动杆菌为氧化代谢的化能异养菌，严格好氧，氧化酶阴性，接触酶阳性，不产乙酰甲基甲醇、吲哚和硫化氢。

2. 主要症状

病鳗体弱，摄食不良或绝食，喜在池边缓慢游动或静伏于池底。头部水肿，上、下颚充血发红，鳃盖膜严重水肿充血，剪开鳃盖膜，流出组织间积水。鳃丝水肿、失血，鳃小瓣相互融合，顶部或整个鳃瓣上皮组织崩解。胸鳍、臀鳍及腹部皮肤充血发红，肝脏肿大，色淡具出血小点，肝脏内血管常破裂，肝细胞内脂肪滴增加，肠道发炎，黏膜层脱落，结缔组织水肿，肾小管丧失结构，肾脏内形成坏死结疤，脾脏肿大，细胞相互融合（彩图 31）。

3. 流行及危害

养殖欧洲鳗鲡和美洲鳗鲡发病率高，日本鳗鲡几乎不发生此病。该病水温为 26℃ 左右时较易流行，秋冬季则较少发生。黑仔期、幼鳗期较易发病，成鳗期不发生。在水质偏酸严重、养殖密度高、池水水质理化指标超标较大的养殖池中易发生。该病传染速度快，往往在 2~3 天内感染全池鳗鲡的 50% 左右，而且一旦出现显著外观症状，病鳗的死亡率达 90% 以上。另外，鳗鲡经高密度暂养或经长途运输亦易诱发红头病。欧洲鳗鲡试养初期，该病严重影响养殖成活率，被群众称为"红色瘟疫"。

4. 诊断

凭外部症状，可基本确诊。

5. 预防

①保持养殖期间水质指标，尤其应重视调节 pH 值，如果池水 pH 值严重偏酸，2~3 天用生石灰调节 1 次。②保持合理放养密度，尤其在黑仔、幼鳗期养殖密度不宜过高。③保持养殖池水环境稳定，勿让泥浆水入池。

6. 治疗

在进行治疗前，首先要调节池水 pH 值达 6.8 以上，如果养殖密度过高，应首先进行疏稀后再进行下述处理：①生石灰 15~20 毫克/升泼洒，1 小时后土霉素或黄连素 5 毫克/升浸浴，每天 1 次，连续 2~3 次；②中药黄连 15~20 毫克/升加 5 倍水煎开 0.5 小时后取汁浸浴，连续 2~3 天；③聚维酮碘 1~2 毫克/升和土霉素 5 毫克/升，每天 1 次，连续 2~3 次。在上述处理同时，要求每天检测水质，尽力调节水质达鳗鱼养殖要求，并在饲料中添加噁喹酸及维生素 C，以及一些具抗菌消炎的中草药如黄连、大黄等内服，连续投喂 10 天左右。

7. 注意事项

该病在养殖的欧洲鳗鲡、美洲鳗鲡中广泛流行，一旦发生，其损失严重。该病控制的主要手段为环境条件的控制，而且在养殖中切实贯彻以防为主的思想。通过近几年的努力，该病的发病率已明显下降，对欧洲鳗鲡、美洲鳗鲡的危害亦已大为减轻。

（九）赤鳍病

1. 病原或病因

赤鳍病（Red – fin disease of eel）病原体为嗜水气单胞菌（*Aeromonas Hydrophila*）或迟钝爱德华氏菌（*Edwardsilla Tarda*）。病原体特征如前所述。

2. 主要症状

病鳗体弱，活力下降，在池边缓游或吊附于饵料台，仅胸鳍发红时鱼体仍能上台摄食。随着病情发展，胸鳍、臀鳍、背鳍等均发红，食欲下降或不摄食，肛门红肿，腹部皮肤充血，具点状出血点，严重者腹部出现红斑或头部、躯干部、尾部皮肤局部坏死，有时下颚亦具出血点，解剖可见肠壁局部或全部充血，肠内无食物，肠黏膜层脱落使肠管内含血色黏液，有时胃、肠内积水，使腹部膨胀、肾脏肿大，充血呈暗红色，脾脏肿大，淤血。体表出血严重时，病鱼严重贫血，使鳃及内脏器官颜色变淡（彩图32）。

3. 流行及危害

该病周年发生，主要流行于季节交替的春夏及夏秋季，与气候、水质变化密切相关，仅冬季发病率低。传染速度没有其他细菌性疾病快，各种养殖鳗鲡均可发生。引起的死亡率不高，但不易彻底治愈。

4. 诊断

①凭借外观，各鳍充血及肠道积血色黏液可初步诊断。②确诊需进行病理分析及病原菌分离鉴定。

5. 预防

①保持养殖池底及池壁清洁，控制养殖池水中病原菌数量。②保持养殖池水各种理化指标的稳定性。③操作鱼体时动作轻柔，勿使鱼体受伤。④投喂新鲜优质饵料并掌握投饵量，不要使鳗鲡饱食过度。

6. 治疗

该病治疗原则是以改善养殖水质环境为主并控制水体病原为

辅助手段，以内服药物为主要治疗措施。①全池泼洒含氯消毒剂，使有效氯浓度达 0.1 ~ 0.3 毫克/升，每天 1 次，连续 2 ~ 3 次。②土霉素 3 ~ 5 毫克/升和有机碘 1 ~ 2 毫克/升全池泼洒，每天 1 次，连续 2 ~ 3 次。③病毒净或季铵盐类消毒剂 1 ~ 2.5 毫克/升全池泼洒，每天 1 次，连续 2 ~ 3 次。在水体消毒后，调节水质，在饵料中添加适当抗菌药物，并添加适量维生素 C 及维生素 A、E 或 B 族维生素，连续投喂 5 ~ 10 天。

7. 注意事项

鳗鱼的鳍充血现象，在多种情况下均发生，如水环境条件突变、密度过高、筛选或运输鱼体操作等，这些由应激产生的鳍充血往往仅表现为臀鳍充血，其他鳍正常，所以应将这些应激赤鳍与赤鳍病严加区分。

（十）赤点病

1. 病原或病因

赤点病（Red - dot disease of eel）又称红点病，病原体为鳗败血假单胞菌（*Pseudomonas Anguilliseptica*）。

鳗败血假单胞菌分类学上属于非发酵菌（*Nofermentative Bacilli*）中的假单胞菌科（Pseudomonadaceae）假单胞菌属（*Pseudomonas*）。非发酵菌是一群需氧、无芽孢的革兰氏阴性杆菌，不能利用糖作为能量来源，或是通过发酵以外的代谢途径分解利用糖类。鳗败血假单胞菌菌体大小为 0.4 微米 × 2 微米；有异染颗粒；用电镜可看到有荚膜样的膜样结构，在光镜下则看不到；极端单鞭毛，但在光学显微镜下看不到鞭毛，用电镜观察，可在菌体一端内看到藏有线圈状结构物；运动性随培养条件而变化，15℃培养时显示有动力，而 25℃培养时几乎无动力；能在普通琼脂平板上生长，但发育缓慢，72 小时后形成圆形、隆起、带灰色光泽、透明、黏稠、直径在 1 毫米以上的菌落；培养基中加入血液，菌生长得较好；麦康凯培养基上能生长；提高培养基的营养后，不显示运动性的菌增加。温度 5 ~ 30℃时均能生长，生长适温为 15 ~ 20℃；在含 NaCl 为 0.1% ~ 4% 的培养基上生长，含 NaCl 为

0.5%~1.0%时生长良好；pH 值在 6.5~10.2 均能生长，最适 pH 值为 7.8~8.3。

2. 主要症状

病鳗在水面缓游或在池角水流缓慢处聚积，体色变浅，不摄食，体表黏液增生脱落，全身体表尤其是腹部皮肤、下颌、肛门周围具有明显的细杆状出血点，严重时出血小点连成片状，这是由于病原菌侵入表皮基层和真皮中增殖产生炎性反应所致。吻端充血，肝脏、肾脏淤血呈暗红色，脾脏褪色，胆囊肿大，肾脏萎缩，肠壁、胃壁血管扩张，外观红色，肠内无食物（彩图 33）。

3. 流行及危害

流行季节一般为水温低于 25℃ 的春、秋及冬季，水温高于 25℃ 时较少发病，另外在半咸水养殖池中较纯淡水养殖池中的发病率高。各种养殖鳗鲡品种均有发生，传染迅速，但相对引起的死亡率并不高。

4. 诊断

①皮肤出现许多细杆状出血点，一般在低水温发生，可初诊。②取脏器或血液接种，培养病原体，鉴定为鳗败血假单胞菌，可确诊。

5. 预防

①保持投饲量适中，操作时对鳗体动作要轻柔，勿造成紧迫因素从而使鳗鲡体表黏液增生脱落。②定期投喂抗菌药物。

6. 治疗

①提高水温至 27℃，保持一周。②聚维酮碘 1.5~2.5 毫克/升和土霉素 3~5 毫克/升，连续浸泡 2 天。③土霉素 5 毫克/升和福尔马林 20~25 毫克/升，连续浸泡 2~3 天。④含氯消毒剂或二氧化氯连续浸泡 2~3 天。在上述处理同时，在饲料中添加0.1%~0.2%抗菌药物，如土霉素或氟苯尼考等，连续投喂一周。

（十一）丝状细菌病

1. 病原或病因

丝状细菌病（Leucothrix disease of eel）病原体为丝状细菌中的

毛霉亮发菌（*Leucothrix Mucor*）。由养殖池水的水质长期不良而引起。

2. 主要症状

病鳗主要表现为单鳃呼吸，食欲不良，体色加深，体瘦。投饵时对饲料反应不敏感。解剖观察，主要症状为鳃丝黏液增生黏脏充血，鳃血窦增加，部分鳃瓣顶端棍棒化。有时鳃瓣顶端溃疡，丝状菌附在鳃的表面或黏脏处。内脏表现为肠道无食物或极少食物，肠胃萎缩充血，肝脏一般正常，胆囊肿大，脾脏、肾脏等正常，鳔充气、充血。病鳗随着水流正常游动。

3. 流行及危害

养殖欧洲鳗鲡和美洲鳗鲡发生率高，日本鳗鲡较少发生。主要流行于越冬期、越冬后至春末及初夏季节。在越冬期换水量少，搬池次数少的养殖池发生率高，尤其发生于池底已老化的砂石底质的养殖池。一般不引起死亡，但严重影响鱼体正常呼吸，从而影响其摄食生长，长期不摄食鳗鲡其肠胃萎缩，即使到了环境适宜季节，也难以恢复其正常投饵量，从而使大量鳗鲡达不到商品规格而影响养殖经济效益。

4. 诊断

取鳃制成水封片观察发现大量发丝状细菌可确诊。

5. 预防

①翻新老化养殖池底。②越冬期保持适宜换水量和放养密度。③越冬期要注重排污。④设置栖息台以避免鱼体钻入恶劣环境栖息。

6. 治疗

①高锰酸钾1.5～2.0毫克/升全池泼洒，2小时后大换水，硫酸铜0.5毫克/升泼洒，隔天1次，连续2次。②有机铜制剂全池泼洒，连续2天。处理后及时注意池底及水质调节，加强排污，恢复鳗鲡适宜的环境条件以利其食欲恢复。

（十二）日本鳗鲡腐皮病

1. 病原或病因

日本鳗鲡腐皮病（Skin - rotted disease of Japanese eel）病因至

今不明，疑为由嗜低温细菌引起，但在发病鳗鲡肌肉内也发现有真菌的存在。

2. 主要症状

发病鳗鲡体表黏液起初局部斑块状增生脱落，随病情发展，病灶逐渐扩大、加深，裸露出真皮组织，此时病灶呈白色；表皮内肌肉出现溃烂，随着病情进一步发展，表皮溃破，腐烂肌肉外露。发病鳗鲡肠胃无食物；肝脏、胆囊肿大，颜色变浅；脾脏肿大，颜色加深；肾脏肿大（彩图34和彩图35）。

3. 流行及危害

本病为近年新发现的疾病。流行于低温季节，一般于水温低于20℃的12月至翌年5月流行，流行高峰为1—4月，当水温高于23℃时本症基本不发生。本病近年在诸多日本鳗鲡养殖场均有发生，传染速度快，引起的死亡率高。

4. 诊断

凭外观症状诊断。

5. 预防

①越冬季节保持养殖水温23℃以上。②操作鱼体时动作要轻柔，勿使鳗体受伤。③如有选别或盘池，应及时进行消毒预防。

6. 治疗

①升温至23～25℃，保持7～10天，如有真菌感染，应结合升温使用抗真菌药物进行处理。②升温后，含氯消毒剂全池泼洒或盐酸土霉素+三黄粉+五倍子药浴浸泡病鳗36～48小时。

三、真菌性疾病

（一）水霉病

1. 病原或病因

病原体为水霉或绵霉，以动孢子传播。

水霉和绵霉是水霉科（Saprolegniaceae）的两个属。菌丝为管形没有横隔的多核体，一端附着在水产动物的损伤处，分支多而纤细，可深入至损伤、坏死的皮肤及肌肉，称为内菌丝，具有吸收营养的功能；伸出在体外的叫外菌丝，菌丝较粗壮，分支较少，可形成肉眼能见的灰白色棉絮状物。当环境条件不良时，外菌丝的尖端膨大成棍棒状，同时其内积聚稠密的原生质，并生出横壁与其余部分隔开，形成抵抗恶劣环境的厚垣孢子。有时在一根菌丝上反复进行数次分隔，形成一串念珠状的厚垣孢子。在环境适宜时，厚垣孢子就萌发成菌丝或形成动孢子囊。

2. 主要症状

感染初期，肉眼难以看到症状，随着菌丝由伤口处繁殖，入侵上皮及真皮组织产生内菌丝，并向外生长出外菌丝，形成伤口处肉眼可见的白色或黄色棉絮状菌丝。由于内菌丝分泌蛋白分解酶，分解组织中的蛋白，刺激鳗鲡使鳗鲡体表黏液分泌增加。病鳗焦躁不安，严重时鱼体衰弱，游动无力，在水面或静水处缓游不摄食，由于创伤处组织溃疡，从而导致病灶处受细菌或鞭毛虫、纤毛虫寄发感染。鳃丝黏液分泌增加使鳃黏脏，在所黏脏物处水霉繁殖（彩图36）。

3. 流行及危害

水霉广泛分布在淡水水域，其适温范围广，几乎所有淡水鱼均可感染，水霉在5~26℃均能繁殖，最适繁殖水温为13~18℃，流行于冬、春两季，夏初后水温在25℃以上较少发病。水霉以动孢子传播，仅当鱼的体表黏液脱落，受机械损伤或寄生虫、细菌感染而导致体表损伤后，才被动孢子感染，而健康鱼难以感染。该病一般为慢性，不易引起批量死亡，但被感染的鱼恢复慢，规格较小的鱼引起的死亡率高。

4. 诊断

①水霉常感染病鳗尾部、头部吻端和鳍条，一般凭肉眼看到浅黄色或白色棉絮状丝状体即能初诊。②取病灶组织制作水封片发现大量真菌菌丝可确诊。

5. 预防

①冬季保持水温在20℃以上；②操作鱼体动作应轻柔，不使

其体表受伤；③用药要适量，勿使鱼体发生应激而致黏液脱落。

6. 治疗

①含盐 0.7% ~ 1.0% 的盐水浸浴 36 ~ 48 小时。②含盐 0.4% 和小苏打 0.4% 浸浴 36 ~ 48 小时。

7. 注意事项

孔雀石绿为禁用药品，不得使用。

（二）鳃霉病

1. 病原或病因

病原体为血鳃霉或穿移鳃霉，由动孢子传播。

鳃霉（Branchiomyces sp.）属水霉目（Saprolegniales）。我国鱼类寄生的鳃霉，从菌丝的形态和寄生情况来看，属于两种不同的类型。一种菌丝较粗直而少弯曲，分支很少，通常是单支延生生长，不进入血管和软骨，仅在鳃小片的组织生长；菌丝的直径为 20 ~ 25 微米，孢子较大，直径为 7.4 ~ 9.6 微米，平均 8 微米，略似 Plehn（1921）所描述的血鳃霉。另一种菌丝较细，壁厚，常弯曲成网状，分支特别多，分支沿鳃丝血管或穿入软骨生长，纵横交错，充满鳃丝和鳃小片；菌丝的直径为 6.6 ~ 21.6 微米，孢子的直径为 4.8 ~ 8.4 微米，与 Wundseh（1930）所描述的穿移鳃霉相似。在我国发现的上述两种不同类型的鳃霉，究竟与文献中所述的是同种或其他种类，因目前对鳃霉的生活史还未进行深入研究，故暂未定种。

2. 主要症状

病鳗体弱，不摄食，鳃黏液及上皮增生，常附有脏物。鳃瓣肿大，粘连，被霉菌感染，鳃呈苍白色，严重时鳃丝溃烂缺损，导致病鳗呼吸困难，在池角或水流缓慢处或增氧机后缓游，呼吸频率加快，换水时常向进水处聚集，轻压鳃部流出带脏物的血色黏液，鳃小瓣外观常呈红白相间状，溃烂处鳃丝被真菌大量感染。本病还常伴有胸鳍、臂鳍充血现象。肝脏肿大，色淡，具出血点，肾脏肿大呈褐色，肠道无食物，肠壁充血（彩图37）。本病后期常被细菌继发感染而引起综合征。

3. 流行及危害

与水霉病一样，该病主要在低水温期发生，流行高峰季节为12月至次年3月份，其次为11月份和4月份，一般在水温20℃以下时发生，往往呈急性病，1~2天内暴发，引起大量死亡。尤其在水质不良、池底老化的砂石底养殖池中易发生。鳃霉病的发生，与鱼体受伤后受寄生虫或细菌感染或水质不良导致鱼体鳃损伤、黏液或上皮细胞增生等有关，导致其易被孢子感染而暴发。另外养鳗场缺乏必要的检测设备和必要的基础理论知识，在未确诊的情况下，将之作细菌性烂鳃病处理从而导致了较大损失。该病在欧洲鳗鲡、日本鳗鲡和美洲鳗鲡中均可发生。

4. 诊断

①在流行季节，发现鳃瓣呈红白相间，严重时见部分鳃丝溃烂、黏脏，整个鳃丝呈苍白色，取白色鳃丝制作水封片，显微镜观察发现鳃丝内具粗大的分支菌丝可确诊。②感染前期，显微镜检查难以发现菌丝，确诊需进行病理切片观察。

5. 预防

①在老化的养殖池中设置栖息台，避免鳗鲡钻入池石底中栖息。②流行季节保持养殖水温在20℃以上。③要及时治疗寄生虫及细菌引起的鳃创伤。

6. 治疗

①升温至24~25℃，保持一周以上。②含盐0.7%~1.0%的盐水浸浴3~5天。③硫酸铜或敖合铜全池泼洒，隔天1次，连续3~5天。在上述处理后，在饵料中添加制霉菌素0.05%~0.1%，连续投喂5~7天。

7. 注意事项

鳃霉引起的鳗鲡烂鳃病，往往受细菌继发感染而导致合并症，但在细菌和真菌同时存在的情况下，相互间具抑制繁殖作用，如果抑制了一方繁殖，则导致另一方大量繁殖。所以真菌性烂鳃病，首先要杀灭真菌，然后再行细菌处理方能彻底治愈。如果反之处理，导致真菌大量繁殖，鳃组织被真菌利用，导致病情严重恶化，从而引起严重危害。

四、寄生虫疾病

（一）拟指环虫病

1. 病原或病因

病原体为短钩拟指环虫和鳗鲡拟指环虫。

短钩拟指环虫和鳗鲡拟指环虫分类学上属于扁形动物门、吸虫纲、多钩亚纲、指环虫目（Dactylogyridea）、锚首虫科（Ancyrocephalidae）、拟指环虫属（*Pseudodactylogyrus*）。特征是具 4 个眼点，只有 1 个摄护腺贮囊，1 对特殊的中央大钩，内突很发达，7 对边缘小钩呈胚钩型。主要寄生于欧洲鳗鲡鳃瓣，以鳃黏液、水中有机颗粒为饵料。

2. 主要症状

拟指环虫寄生于鳗鲡鳃上（彩图 38），以其后固着器固定在鳃组织上，并能在鳃上作运动。少量寄生时，鳗鲡摄食及活动正常，当寄生数量较多时，病鳗鳃黏液分泌增加，受固着处鳃组织受损，鳃丝严重充血，呼吸受阻常呈单鳃呼吸，不摄食，逆水游动，喜于池壁摩擦，鳃丝水肿，缺损，呼吸频率加快。

3. 流行及危害

白仔鳗至成鳗均流行，流行高峰期为春季、初夏及秋季，水温一般为 24～26℃的季节，养殖鳗鲡各品种均可发生，欧洲鳗鲡、美洲鳗鲡拟指环虫病发生率极高，日本鳗鲡发生率相对较低。所以拟指环虫病为欧洲鳗鲡、美洲鳗鲡养殖的重大病害之一。

4. 诊断

①剪取病鳗少量鳃片，制成水封片，对光仔细观察，可见鳃丝表面具短线状物作弯曲运动，即可初诊。②用显微镜观察，发现大量具眼点的柳叶状虫体，即可确诊。

5. 预防

苗种购进时，用 20～25 毫克/升福尔马林消毒 20～30 分钟。

6. 治疗

（1）欧洲鳗鲡、美洲鳗鲡　①甲苯咪唑 0.2 ~ 1.0 毫克/升，浸浴 18 ~ 20 小时；②复方甲苯咪唑 0.4 ~ 2.0 毫克/升，浸浴 16 ~ 20 小时。

（2）日本鳗鲡　① 晶体敌百虫全池泼洒，使池水成 0.3 ~ 0.5 毫克/升水体，隔天 1 次，连续 2 ~ 3 次；② 高锰酸钾 0.5 ~ 2.0 毫克/升，隔天 1 次，连续 2 ~ 3 次；③ 福尔马林 20 ~ 25 毫克/升，隔天 1 次，连续 2 ~ 3 次。

7. 注意事项

甲苯咪唑对鱼体毒性是随着水温的升高而提高，所以在高水温季节应使用低剂量拟延长药浴时间来处理；对于日本鳗鲡，要严禁使用甲苯咪唑。

（二）三代虫病

1. 病原或病因

病原体为三代虫中的种类。

三代虫属扁形动物门、吸虫纲、多钩亚纲、三代虫目（Gyrodactylidea）、三代虫科（Gyrodactylidae）。虫体略呈纺锤形，长度一般为 0.3 ~ 0.8 毫米，背腹扁平，身体前端有一对头器，后端的腹面有一个圆盘状的后固着器。后固着器由 1 对锚钩及其背腹连接棒和 8 对边缘小钩组成，用以固着在宿主鱼的寄生部位。三代虫为雌雄同体，胎生。在后固着器之前按前后顺序排列着一个卵巢和一个精巢。卵巢之前是子宫，内有一个椭圆形的胚胎。胚胎内往往还有第二代和第三代胚胎，所以称为三代虫（彩图39）。

2. 主要症状

与拟指环虫一样，三代虫主要是寄生在鳗鲡鳃的组织中。当少量寄生时，鱼体摄食及活动正常，仅鳃丝黏液增生；当大量寄生时，鳗鲡出现不安，逆水窜游或在池壁摩擦，鳃丝充血，食欲下降或绝食，鳃黏液分泌严重增加，严重时鳃水肿、粘连，往往伴随丝状细菌或屈挠杆菌的继发感染（彩图40）。

3. 流行及危害

主要流行于土池养殖的鳗鲡，精养池养殖的鳗鲡发病率低。流行季节及危害情况也与拟指环虫病相似。

4. 诊断

剪取病鳗鳃制作水封片，在显微镜下观察，发现大型柳叶状虫体，但体粗短，无眼点，即可诊断为此病。

5. 预防

同拟指环虫病。

6. 治疗

同拟指环虫病。

（三）小瓜虫病

1. 病原或病因

小瓜虫病又称白点病，病原体为多子小瓜虫，由幼虫传染。

2. 主要症状

病鳗首先表现为突发性不摄食，全池鳗鲡几乎同时表现为不上台摄食，此时鳗鱼仍对饵料有反应，投饵时鱼体在饵料台周围游动，但不摄食。体表寄生时，在体表尤其背部形成许多小白点，鱼体受虫体寄生刺激分泌大量黏液，小白点为虫体刺激鱼体上皮细胞分泌而成的囊泡。严重时，体表增生黏液脱落，使鳗鲡体披上白云状黏液，寄生处组织发炎，被细菌感染后形成溃疡。在鳃上寄生时，鳃丝充血，黏液增生，幼虫易寄生于鳃丝内并形成外包膜，仅在显微镜下发现虫体内的细胞质流动，成虫可见明显的马蹄形大核。大量虫体在鳃上寄生时，鳃表面黏液大量增生、脱落，受细菌感染而发生烂鳃，黏脏，易并发丝状细菌感染（彩图41）。此期病鳗体弱，于水面上缓游或附在固着物上，一旦受其他刺激，易暴发批量死亡。

3. 流行及危害

流行水温一般在25℃以下，从白仔鳗至成鳗期均发生，各种养殖品种鳗鲡均发生，尤其在欧洲鳗鲡养殖中广泛流行，冬、春、秋末为流行高峰期，水温在27℃以上较少发病。以前认为小瓜虫最高耐受水温为26℃，但在生产中发现26～27℃仍能暴发小瓜虫病，欧洲鳗鲡对小瓜虫尤为敏感。1997年和1998年春季在苗种培育期间，本病成为危害最严重的疾病之一，尤其在白仔鳗期和黑仔鳗期，大量小瓜虫在鳃上寄生，短时间内常暴发大量死亡。幼、成鳗期在体表寄生小瓜虫较鳃寄生小瓜虫更严重，相对死亡率较低，但如不及时控制，也会引起大批量死亡。

4. 诊断

刮取体表白点或取鳃丝制作水封片镜检，观察到大量小瓜虫，即可确诊。

5. 预防

①保持水质清洁，透明度在40厘米以上。②对丝蚯蚓要严格实行暂养及消毒。③在流行季节，保持水温26℃以上。④勤于观察，发现病情及时治疗。⑤鳗种引入，应严格检疫。

6. 治疗

①在有条件的情况下，将水温升高至27～28℃保持一周。②含盐0.7%～1.0%盐水浸浴3～5天。③20～25毫克/升福尔马林浸浴，连续处理2～3天。

（四）车轮虫病

1. 病原或病因

车轮虫病的病原体为车轮虫及小车轮虫。以直接接触传播或离开鱼体车轮虫在水中自由游动转移宿主传播。

车轮虫属纤毛门、寡膜纲（Oligohynenophora）、缘毛目（Peritrichida）、车轮虫科（Trichodinidae）。虫体侧面观如毡帽状，反面观圆碟形，运动时如车轮转动一样，所以叫做车轮虫。隆起的一面为前面或称口面，相对而凹入的一面为反口面（后面）。口面上的口沟两侧各生一行纤毛，形成口带。大核马蹄状或香肠形，围绕前腔，大核一端还有1个球形或短棒状的小核。反口面中部向体内凹入，形成附着盘，用以吸附在宿主身上。反口面最显著的构造是齿轮状的、由齿体互相套接而成的齿环。

2. 主要症状

病原体主要寄生在鳗鲡鳃上及体表皮肤、鳍上。在少量寄生时，鳗鲡摄食及活动正常，在大量寄生时易导致鳃、皮肤黏液增生、鳃丝充血，体表皮肤具出血小点，食欲下降，投饵时鱼体集中在饵料台下游，不上台摄食或上台摄食易散群。鱼体体色加深，鱼体消瘦，喜在池边或池底摩擦。一般不会导致死亡。

3. 流行及危害

车轮虫广泛存在于各自然水域及养殖池水中，鳗鲡主要采用温室养殖，因而常年发生，流行高峰期为春夏季及秋季，冬季发病少。尤其在暴雨季节，养殖池水受地表水污染时易导致车轮虫感染，秋季主要为小车轮虫感染。各种养殖鳗鲡品种均易发生，主要影响鳗鲡食欲，仅车轮虫寄生不易导致死亡，但易受其他病原体感染而导致死亡。

4. 诊断

刮取鳗鲡体表、鳍或取鳃制作水封片，显微镜下观察发现大量车轮虫，即可确诊。

5. 预防

①掌握合理放养密度。②在流行高峰季节，定期使用硫酸铜。

6. 治疗

①双硫合剂（硫酸铜 0.5～0.7 毫克/升和硫酸亚铁 0.2～0.3 毫克/升）全池泼洒，18～24 小时换水。②高锰酸钾 2～3 毫克/升，每天 1 次，连续 2～3 次。③福尔马林 20～25 毫克/升浸浴，每天 1 次，连续 2～3 次。

7. 注意事项

欧洲鳗鲡和美洲鳗鲡对硫酸铜较敏感，在病情严重或环境条件严重不适的情况，应避免使用硫酸铜，否则易导致鳗鲡的大量死亡。

（五）杯体虫病

1. 病原或病因

病原体为杯体虫属中的种类，以游动孢子传播。

杯体虫为附生纤毛虫，因身体充分伸展时呈杯状而得名。前端粗，往后变狭。前端有一个圆盘形的口围盘。口围盘四周有口缘膜结构，内有一条螺旋状口沟。缘膜由纤毛构成。身体后端有一个吸盘状结构，称茸毛器，借此将身体黏附于鳗体上。虫体中有一个圆形或三角形的大核和一个呈细长棒状的小核；小核在大核的侧面，与体轴平行。无性生殖为纵二分裂，有性繁殖行接合生殖，虫体大小在（14～80）微米×（11～25）微米。

2. 主要症状

杯体虫主要寄生在鳗鲡的鳃瓣上，刺激鳃丝，使黏液分泌增加，鳃丝水肿充血，血窦数量明显增加，大量虫体寄生时，病鳗离群独游，不摄食，呼吸频率加快，在换水时向进水处集中，一般不引起死亡（彩图43）。由于杯体虫主要是以水中有机颗粒为营养，所以本病一般发生于环境条件较差的养殖池。

3. 流行及危害

春夏为流行高峰期，其次为冬季。主要在雨季水源水浑浊时发病率高；有机物含量丰富，池塘老化的砂石底池塘发病率高。一般不引起鱼体死亡，主要影响摄食生长。各种养殖鳗鲡品种均可发生。

4. 诊断

取少量鳃丝制成水封片，在显微镜下观察到大量吊钟状虫体附于鳃上，即可确诊。

5. 预防

①保持池水清洁，排污彻底，透明度在40厘米以上。②定期使用生石灰调节池水。③雨季避免进入浑浊水源。

6. 治疗

①大换水，将池水换清，透明度保持在50厘米以上一周。②福尔马林20～25毫克/升，全池泼洒，连续2～3天。③高锰酸钾2～3毫克/升，每天1次，连续2次。④用硫酸铜0.5毫克/升和硫酸亚铁0.2毫克/升，全池泼洒，隔天1次，连续2次。

（六）斜管虫病

1. 病原或病因

斜管虫病（Chilodonella disease of eel）病原体为鲤斜管虫（*Chilodonella Cyprini*），以直接接触及转移宿主传播。

鲤斜管虫属纤毛门（Ciliophora）、动基片纲（Kinetofragminophorea）、下口亚纲（Hypostomatia）、管口目（Cyrtophorida）、斜管虫科（Chilodonellidae）、斜管虫属（*Chilodonella*）。虫体腹面观卵圆形，后端稍凹入。侧面观背面隆起，腹面平坦，前端较薄，后端较厚。活体大小为（40~60）微米×（25~47）微米。背面前端左角上有一横列短刚毛。腹面纤毛线左侧为9条，右侧为7条，每条纤毛线上长着等长的纤毛。体内有一斜置的喇叭状口管、大小两个核和两个伸缩泡。繁殖以横分裂法进行，有性生殖营接合生殖（彩图44）。

2. 主要症状

斜管虫与车轮虫一样，主要寄生在鳗鱼体表、鳍及鳃上。病鱼体表、鳃黏液增生，鳃充血，呼吸困难，被虫体寄生处组织被破坏。病鳗体瘦，体色加深，喜在池边摩擦，换水时喜冲新水。食欲下降或不上台摄食，一般不引起鱼体批量死亡。

3. 流行及危害

病原体广泛分布，适宜水温为12~18℃，流行高峰期为春、初夏及秋季，各种养殖鳗鲡品种均发生，尤其是流行季节在摄食不良的越冬鳗及新鳗三类苗中易流行，严重影响鱼体摄食、生长。一般不导致死亡，当大量寄生导致鱼体组织损伤，受其他病原体继发感染后易导致死亡。

4. 诊断

刮取鳗鲡体表黏液或取鳃制作水封片，发现椭圆形大量斜管虫，即可确诊。

5. 预防

①保持水质清洁，排污彻底。②在流行季节，使用药物预防。

6. 治疗

同车轮虫。

（七）鱼波豆虫病

1. 病原或病因

鱼波豆虫病（Ichthyobodosis of eel）又称口丝虫病，病原体为漂浮鱼波豆虫（*Ichthyobodo necator*）。直接接触传播或转移宿主传播。

漂浮鱼波豆虫虫体呈卵圆形，背面稍突，腹面凹陷。大小为（5～12）微米×（3～9）微米。口沟位于体侧，着生有鞭毛两根，后端游离为后鞭毛。胞核卵圆形。核膜四周有染色质粒，中央有一个核内体，具有伸缩泡。固着在寄主上的虫体常做挣扎状，四周摆动。脱离寄主的虫体可在水中游动。漂浮鱼波豆虫生活史中仅有一个寄主，无中间寄主。如遇不到寄主，可形成胞囊，繁殖为纵二分裂。

2. 主要症状

鱼波豆虫主要寄生在鳗鲡的鳃上及体表（彩图45），少量寄生时，无明显症状。大量寄生时，体表及鳃黏液增生，鳃丝充血，排列紊乱，食欲不佳，体色加深，常独游（逆水）在池边，呼吸频率加快，最终呼吸困难致死。

3. 流行及危害

该病流行于黑仔鳗和成鳗期，流行季节为春末和秋末，各种养殖鳗鲡品种均可发生。水温10～29℃发生，但主要在池底老化、所用水源水质较肥的养殖池。一般不引起批量死亡，但严重影响鱼体正常的摄食、生长。

4. 诊断

取少量鳃瓣制作水封片，在显微镜下观察到大量椭圆形虫体附在鳃上，即可确诊。

5. 预防

①在池塘放养之前，应彻底清塘消毒。②在苗种入池之前，用

5 毫克/升硫酸铜浸浴 15～20 分钟。③在养殖期间排污彻底，保持池底清洁。

6. 治疗

①双硫合剂全池泼洒，浸浴 24 小时。②含盐 0.7%～1.0% 盐水，浸浴 28～46 小时。③福尔马林 20～25 毫克/升，每天 1 次，连续 2 次。

（八）两极虫病

1. 病原或病因

两极虫病（Myxospora of eel）病原体为两极虫属中的两极虫（*Myxidium* sp.），经口传播和直接接触传播。

两极虫孢子纺锤形，两端尖或圆；有两个壳片；极囊 2 个，位于孢子的两端，缝线较平直，没有嗜碘泡。孢子虫的生活史还没有一致定论，一般认为生活史中无性生殖和有性生殖都在同一寄主内进行和完成，没有寄主交叉。成熟孢子从病鳗身上落入水中，被吞食或接触黏附于鳗鲡的体表或鳃，放出极丝，胚质成为小变形虫状，用伪足移动，钻入寄主组织细胞内发育，成为营养体。胞核反复分裂，形成孢母体，最终形成孢子。营养体周围寄主组织因受刺激而发生退化或改变，产生一层膜壁将营养体包住，形成孢囊。

2. 主要症状

两极虫主要寄生在养殖鳗鲡的皮肤、鳃、肾脏、肝脏、脾脏。鳃被寄生时，在鳃瓣内形成圆形或椭圆形孢囊，成熟孢囊内可见孢子。轻压后孢囊破裂，释放出孢子，孢子呈纺锤状，有时也可见孢子在鳃组织内游离寄生。病鳗呼吸困难，常呈单鳃呼吸，鳃严重充血。皮肤寄生时，肉眼可见皮肤具泡状小白点，较小瓜虫引起的白点大，由皮肤向外突起，而非小瓜虫粘于皮肤白点。最终泡状白点破裂，释放孢子，病灶处组织溃疡、坏死，形成小块状溃疡灶。肾脏寄生时，可见肾脏内形成白点状孢囊，肾脏色淡，肿大，寄生处组织坏死，严重时肾脏溃疡使病鳗外观肛门红肿外突，臀鳍充血，严重时肾脏处躯体肌肉及皮肤溃烂。脾脏、肝脏寄生时,脏器肿大,组织内在白色孢囊寄生处组织坏死、溃疡(彩图46)。一般被孢子虫感染的鳗鲡食欲不佳,摄食量下降。

3. 流行及危害

养殖鳗鲡各品种均可发生黏孢子虫的感染,但相对而言,日本鳗鲡、美洲鳗鲡受危害较轻,而欧洲鳗鲡受危害最为严重,被孢子虫感染率高达90%以上,鳃寄生常年发生,但流行高峰期为春季、初夏和冬季,寄生率达50%左右,肝脏及脾脏寄生率较低。在清瘦的养殖池中其感染率更高,精养池中感染率较土池高。一般不引起死亡,但脏器被大量寄生,脏器组织严重坏死时也会发生死亡,由于黏孢子虫寄生,鳗鲡的体质下降,常易被其他病原体感染而暴发批量死亡。

4. 诊断

取上述组织,制作水封片,观察发现大量梭型极囊,两端的孢子或大量白色孢囊即能确诊。

5. 预防

①投喂的鲜活饵料要彻底漂洗消毒。②苗种放养之前养殖池应彻底用生石灰清池消毒。③在养殖过程中使用生石灰和敌百虫常规消毒池水。

6. 治疗

①生石灰20毫克/升全池泼洒,2天1次,连续3~5天。②晶体敌百虫全池泼洒,3天1次,连续3次,可消除鳗鱼鳃及皮肤上部分孢子虫。③内脏寄生的黏孢子虫至今未见明显疗效的药物,定期内服黄连、五倍子等中草药,具一定预防作用,现仅能采用内服抗菌药物,防止细菌继发感染而勿使内脏败坏。鳗鲡只要能正常摄食,体质健壮,经一阶段恢复至幼鳗、成鳗期,有时内脏中孢子虫会自然去除。

(九) 微孢虫病

1. 病原或病因

微孢虫病(Microspora of eel)又称凹凸病(Ecneven disease),

病原体为匹里虫（*Plistophora* sp.），由口传播。

匹里虫孢子呈梨形、椭圆形或卵形，孢子大小为（2~4）微米×（3~6）微米，外包孢子膜，孢膜由单一的一片几丁质膜组成，里面有孢质和1个极囊，与极囊相对的一端有1个透明而近似卵形的液泡，极囊与液泡间为均匀的孢质，孢子附于消化道上皮细胞形成小变形虫状体，借变形运动穿过肠上皮，通过血管达肌肉内定居后繁殖。生活史经过裂殖体、母孢子、孢子母细胞和孢子。无明显流行季节，感染病鱼体瘦，腹部膨大，腹壁肌肉变薄，腹腔内有大小不一的白色包囊。

2. 主要症状

匹里虫主要寄生在鳗鲡肌肉组织里，它通过消化道上皮，经血管在肌肉内定居。病鳗体弱，不摄食，体消瘦，微孢虫在肌纤维间形成孢囊，孢囊周缘肌肉组织坏死，分解，呈黄色，使鱼体外观躯体为凹凸状，用手触摸可感知肌肉组织不均匀，所以又称凹凸病（彩图47）。由于长期不摄食，病鳗最终成僵鳗、缺乏营养而死亡。

3. 流行及危害

在各养殖鳗鲡品种中，日本鳗鲡对微孢子虫最为敏感，其次为欧洲鳗鲡，美洲鳗鲡被微孢子虫感染病例少见。一般不形成大规模流行，仅在每批养殖鳗鲡中少量感染，病鳗引起死亡率高。

4. 诊断

将外观具凹凸症状的病鳗，取其肌肉组织，捣烂后制成水封片，在显微镜下观察发现大量微孢子，即可确诊。

5. 预防

①将老化池底翻新。②苗种放养前用生石灰彻底清塘。③投喂鲜活饵料要彻底消毒。

6. 治疗

一般发现本病不作治疗，将病鳗及时捞除销毁。为控制蔓延，升温至30℃，保持一周。用生石灰15~20毫克/升全池泼洒，隔天1次，连续3~5次。

（十）肤胞虫病

1. 病原或病因

肤胞虫病（Democystidium of eel）病原体为肤胞虫（*Dermocystidium anguillae*）。

肤胞虫孢子呈圆球形，直径 4~14 微米；构造比较简单，外包一层透明的膜，细胞质里有一个圆形、大的折光体，位于孢子的偏中心位置；在折光体和胞膜之间最宽处有一个圆形胞核；有时还有一些颗粒状内含物；没有极囊和极丝。成熟的胞囊内有很多孢子。肤胞虫进行裂殖生殖，整个生活史中只需一个寄主。

2. 主要症状

病鳗鳃肿胀，鳃盖膜外突，鳃盖不能正常开闭。病鳗不摄食，体弱，易被水流卷入池中央，或在水流缓慢处缓游，鳃丝上皮细胞增生，打开鳃盖即可见到白色的胞囊大量存在于鳃瓣，取鳃丝作显微镜观察，鳃瓣内具有大型香肠形胞囊，压碎胞囊为大量圆形孢子（彩图48）。内脏器官中肝脏、胆囊微肿，肠道长期不摄食而充血。

3. 流行及危害

本病仅在欧洲鳗鲡发现，一般在白仔鳗期、黑仔鳗期发生，成鳗期不发生。在欧洲鳗鲡中发生此病较为普遍，而在我国养殖欧洲鳗鲡中发病率低。这主要是由于我国采用冬季加温的养殖方式养殖欧洲鳗鲡。在冬季经长途运输的鳗种及鳗苗易发病。流行水温为 15~18℃，水温高于 20℃ 未见发病。发病感染率为 5%~15%，死亡率为 2%，少数引起 5% 死亡率。由于近年来鳗鲡市场价格低，养殖利润小，所以部分养鳗场在冬季不加温，因此，1996 年、1997 年我国在越冬期小规格欧洲鳗鲡发现此病。

4. 诊断

①打开鳗鲡鳃盖发现大量白色米粒状物附于鳃丝上即可初诊。②显微镜观察发现大量香肠形孢囊寄生于鳃上，压碎孢囊有大量圆形孢子，即可确诊。

5. 预防

在越冬期，体重小于 10 克的鳗鲡，养殖水温应保持在 20℃以上。

6. 治疗

升温至 25℃保持 10 天左右，可控制病情发展。但病鳗不易恢复，无有效的治疗药品。

(十一) 鳗居线虫病

1. 病原或病因

鳗居线虫病（Anguillicola disease of eel）病原体为粗厚鳗居线虫（*Anguillicola crassus*）、球状鳗居线虫和澳洲鳗居线虫，以口传播。

鳗居线虫虫体长圆筒状，小的仅为 3 毫米×0.3 毫米，大的雌虫可达 70 毫米×5 毫米，雄虫一般为 50 毫米×（2~5）毫米，前端尖，虫体粗短（彩图 49）。虫体为卵胎生，卵在子宫后段发育为幼虫，含幼虫的虫卵产出后于鳔中孵化，通过鳔管进入消化道，随粪便排入水中，以尾尖附于固体上，不断摆动。幼虫被剑水蚤吞食后，在其体内约一周时间成为感染幼虫，剑水蚤被鳗鱼捕食后，幼虫通过胃壁进入体腔，在肝脏附近停留一段时间后，随血液流动入侵鳔组织，在鳔组织内发育 3~6 个月后进入鳔腔、成熟受精。

2. 主要症状

鳗居线虫成虫寄生在鳗鲡鳔内，以摄食鱼体血液为营养，成虫消化道充满了鳗鱼的红血球，因而受鳔居线虫寄生的鳗鲡血液循环中的红血球数量显著降低。鳔呈急性炎症，前室壁严重充血，鳔腔壁纤维化。病鳗食欲下降，摄食量降低，生长受阻，体色加深，严重时鳔腔壁破裂，线虫进入腹腔引起腹膜炎。病鳗腹部膨胀，失去调节水质功能，使病鳗浮在水面不能正常活动。鳔壁充血，体消瘦，最终缺乏营养而死亡（彩图 50、彩图 51）。

3. 流行与危害

本病主要发生在土池养殖鳗鲡和以砂石底质养殖的鳗鲡，而在水泥池底质养殖的鳗鲡较少发病。各种养殖鳗鲡品种均可发生，但相对而言，美洲鳗鲡发病率较低。常年发病，在高温季节（6—10月份）发病，易引起死亡。各地区均有发生。

4. 诊断

解剖病鳗，在鳔内发现有黑色粗壮虫体，即可确诊。

5. 预防

①用生石灰和敌百虫彻底清池。②在养殖期间，定期使用有机磷杀灭养殖池中浮游动物，切断其生活史。③定期内服左旋咪唑、丙硫咪唑或复方甲苯咪唑。

6. 治疗

①晶体敌百虫0.3~0.5毫克/升全池泼洒，杀灭浮游动物，隔天1次，连续2次。②盐酸左旋咪唑1毫克/升浸浴24小时。在上述处理同时，内服盐酸左旋咪唑或复方甲苯咪唑，每千克饲料中添加0.5~1.0克，另加维生素C 0.5克，连续投喂7~10天。

（十二）绦虫病

1. 病原或病因

绦虫病（Cestoda disease of eel）病原体为多节绦虫（*Eucestoda* sp.）中的种类。经口传播。

绦虫虫体一般为带状，背腹扁平，极少数为圆筒状；除少数不分节的种类，可分头节、颈和体节三部分。头节上有各种附着器，头节的形状常为目的分类依据。颈在头节之下，末端能不断分生出新的节片。体节在颈的后面，从颈产生的节片逐渐向后推移，因此，越靠近头部的节片越幼小。节片分为未成熟节片、成熟节片及妊娠节片。

2. 主要症状

病鳗体弱，游动缓慢，体色加深，前腹部膨胀，肠壁扩张充血，肠道出现炎症，解剖肠道可见白色面条状虫体堵塞肠道（彩图52、彩图53）。

3. 流行及危害

在养殖欧洲鳗鲡体内发现，在日本鳗鲡和美洲鳗鲡体内尚未发现。发病率低，无显著流行季节。主要影响鱼体正常摄食生长，长期不摄食的鱼会因营养缺乏而死亡。

4. 诊断

解剖肠道，发现白色面条状虫体，即可确诊。

5. 预防

定期使用有机磷杀灭中间宿主。

6. 治疗

①内服复方甲苯咪唑，每千克饲料加1克，连续投喂3～5天。②丙硫咪唑内服，每千克饲料加1.5克，连续投喂3～5天。另有报道在其他鱼类中使用硫酸二氯酚和二丁基氯化锡内服，但在鳗鲡中尚未使用过。

（十三）锚头鳋病

1. 病原或病因

锚头鳋病（Lernaea disease of eel）病原体为锚头鳋（*Lernaea sp.*），直接接触传播。

锚头鳋虫体分头、胸、腹三部，雌虫寄生到鱼体上后体形发生巨大变化，身体拉长，体节融合成筒状，而且扭转。头胸部由头节和第一胸节愈合而成，其上长出头角，似铁锚状，角的形式和数目因种类不同而异；头胸部顶端中央具有一个较小的头叶，头叶上有一个中眼、两对触角和口器。胸部与头胸部之间没有明显界限，通常自前向后逐渐膨大，具有五对双肢型的游泳足，末端有一对生殖孔，生殖季节常挂有一对卵囊。腹部短小，末端有一对尾叉，上有刚毛数根。

雌鳋产出虫卵，卵在水中经数天孵出第一无节幼体，经四次蜕皮后成为第五无节幼体，再蜕皮一次成为第一桡足幼体。第一桡足幼体蜕皮四次，成为第五桡足幼体，此时进行交配，受精后的雌性第五桡足幼体寻找合适寄生的宿主营永久性寄生生活。无节幼体在水中营自由生活。桡足幼体虽仍能在水中自由游动，但必须到鱼体上营暂时性寄生生活，摄取营养，否则就不能蜕皮发育，将在数天后死亡。

2. 主要症状

锚头鳋寄生在鳗鲡口腔及胸鳍基部皮肤上（彩图54）。病鳗不能摄食，口腔张开不能闭合。外观下颚具出血点，打开口腔可发现大量针状虫体。胸鳍基部寄生时，胸鳍充血，鳃孔周缘皮肤发炎、充血。病鳗体弱，体色加深，肝、胆肿大，肠道无食物。

3. 流行与危害

与鳗居线虫相似，该病主要发生在土池养殖鳗鲡，各种养殖鳗鲡品种均有发生，日本鳗发生率相对较高，而欧洲鳗鲡和美洲鳗鲡发生率相对较低。受虫体侵害，主要影响鱼体摄食，长期不摄食导致鱼体死亡。在精养池养鳗中，由于用药频率相对较高，尚未发现有锚头鳋病的病例，而在土池养鳗中，本病为重要病害之一。

4. 诊断

打开口腔，可见到黑色针状虫体固着在口腔上下颚，或在胸鳍基部发现有黑色针状虫体，即可确诊。

5. 预防

①用生石灰和敌百虫彻底清塘。②养殖期间定期使用有机磷类药物消毒。

6. 治疗

①晶体敌百虫 0.3～0.5 毫克/升全池泼洒，隔天 1 次，连续 2 次。②高锰酸钾 1.5～2.0 毫克/升，隔天 1 次，连续 2 次。

（十四）复殖吸虫病

1. 病原或病因

复殖吸虫病（Digenea disease of eel）病原体为复殖吸虫（*Digenea* sp.）的卵，主要寄生于养殖鳗鲡的鳃及肾脏，由口传播。

2. 主要症状

病鳗体色变浅，不摄食，吊挂于饵料台，呼吸困难，胸鳍发红，头部及下颚红肿，鳃丝黏液增生、淤血、溃烂，于鳃小瓣组织间大量寄生圆形或卵圆形卵，卵内原生质致密，发育到一定阶段时可见卵内带纤毛近圆形幼体做旋转运动。鳃血液循环受阻。内脏表现为胆囊壁充血，胆囊肿大，体内脂肪具出血点，肠道充血，鳔壁充血、萎缩，肾脏寄生时肾肿大，寄生处肾组织坏死、溃疡。

3. 流行及危害

本病现仅发现于咸水或半咸水养殖欧洲鳗鲡的土池，在其他养殖种类鳗鲡及纯淡水养殖池中未发现。流行水温为 25 ~ 26℃。该病死亡率高，在短时间内往往引起批量死亡。

4. 诊断

取鳃及肾组织作水封片，显微镜观察发现鳃丝内具圆形或椭圆形卵，部分卵内具已发育成熟幼体即可确诊。

5. 预防

①生石灰彻底清塘，驱除养殖池中贝类、螺类。②养殖期定期使用敌百虫杀灭浮游动物。

6. 治疗

同指环虫病。

（十五）栖生性虫病

1. 病原或病因

栖生性虫病病原体主要有寡毛类和毛细线虫。

2. 主要症状

病鳗单鳃呼吸，呼吸频率加快。常与细菌性或真菌性烂鳃并发。鳃黏脏，虫体栖生于黏脏处。

3. 流行及危害

常发生于水质或底质有机物含量高的池塘，一般当烂鳃发生黏脏后，才有栖生性虫体的发现。虫体影响鳗鲡呼吸，不直接导致死亡。

4. 诊断

取鳃作水封片，显微镜观察发现鳃丝虫体可确诊。

5. 预防

保持养殖水体和池底清洁。

6. 治疗

无良好的驱杀药物。清洗池底，大换水，并及时控制烂鳃病后，用高锰酸钾消毒2~3次后可使虫体脱落。

五、中毒症

（一）氨中毒

1. 病原或病因

氨中毒（Ammonia intoxication of eel）的病因，主要为氨氮、亚硝酸氮含量过高，引起慢性和急性中毒。造成氨中毒的主要原因有：①养殖池底老化，底部淤积大量有机物；②放养密度过高，投饵量多，鳗鲡排泄及分泌物污染养殖水体；③排污不彻底；④养殖水源水质不佳。

2. 主要症状

病鳗体色偏黄褐色，外观体表无光泽，皮肤粗糙，食欲不佳，饲料转换率下降。鳃充血严重，呈褐色或暗红色，鳃丝肿胀，血窦数量大，黏液增生，鳃瓣增生粘连，病鳗不聚群上台摄食，在饲料台下咬食并吐出所咬饲料。严重时，池水色发褐色，池水表面泡沫多，在池边可闻到异恶臭味。病鳗游动无力，往往在傍晚前聚集在水的中央，浮于水面呈缺氧状，驱赶可散开，但又很快聚集于池中水面，严重病鳗几乎不游动，呈竖立状，头向上，躯干向下直立浮游，内脏往往表现为脾脏、肝脏、胆囊肿大（彩图55）。

3. 流行与危害

该病常发生于高密度养殖的幼鳗和成鳗池，尤其在夏秋高温季节，往往易造成急性中毒。冬季为了节省加热费用保持适宜养殖水温，因此会因提高养殖密度、减少换水量、减少搬池频率而造成水质恶化，呈慢性中毒现象。在水源水质优、水量充足、换水量高的养殖池较少发生。水源水质差、水量少、换水率低的养殖池，在越冬期易发生。急性中毒易导致批量死亡，慢性中毒一般引起的死亡率低，但严重影响鱼体摄食和正常生长。

4. 诊断

主要凭鳗鱼症状及水质检测结果。

5. 预防

针对引起的因子，降低放养密度，彻底清池及翻新旧池底，利用无污染水源，加大换水量，高温季节控制投饵量。

6. 治疗

①生石灰20毫克/升，连续3天；②高锰酸钾2~3毫克/升，每日1次，连续3天；③使用水质改良剂如氨氯净、海中宝等，连续使用2~3天；④使用生物制剂如光合细菌等来消除氨氮、亚硝酸氮。

（二）重金属中毒

1. 病原或病因

重金属中毒（Heavy metal intoxication of eel）指锌、铜、汞等重金属可造成鳗鲡中毒。造成锌中毒的因素可能为外源性，如利用镀锌管抽水及加热管道为镀锌管；保温棚架利用镀锌管有时受腐蚀后造成镀锌层脱落。汞、铜主要是来自于重金属盐类杀虫药物。因为用药时由于对环境条件及鱼体承受药量估算不准确，可能超过鱼体所能承受的安全浓度。此外，一些利用山溪流水的养殖区，在溪水中含矿物质的量过高，亦容易导致重金属中毒。

2. 主要症状

病鳗活动异常，于池边或水面作间隙性急速窜游，游动时头部往往离开水面，体色加深，鳃呈暗红色，镜检可见鳃血色偏深，病鳗捞出水体后常呈抽筋状态，严重时鳗体易被水流冲至池塘中央聚积，可见臀鳍充血，有时尾鳍亦充血发红。解剖可见肝脏、脾脏和胆囊肿大，肠道无食物（彩图56）。

3. 流行与危害

主要流行于白仔期及黑仔期。由于在此期鱼体个小，对重金属较敏感，另外，此期池水浅，水体量小，一般少量污染源便造成高浓度，而且此期一般水清，缓冲能力差。常造成批量死亡或对后期养殖造成严重影响。

4. 诊断

一般凭鳗鲡的活动情况诊断，确诊需对水质重金属进行测定。

5. 防治方法

禁止使用含锌的加热管道、进水管道，以及使用重金属盐类药物，于幼体期尽量使用低剂量或用替代药品替换。

一旦发现中毒症状，应及时查找污染源，将之排除，然后进行大换水，利用无污染水替换旧池水，并于池水加络合剂如 EDTA 钠盐或海中宝，并加 0.5% 的食盐缓解中毒症状，待几天后，除重者无法恢复外，一般中毒轻者均能恢复，但对以后生长会造成一定影响。

（三）有机磷中毒

1. 病原或病因

引起有机磷中毒（Organic phosphor intoxication of eel）的主要病因有：①有机磷杀虫剂用量超过鳗鲡的耐受能力；②农用杀虫剂随着水流进入养鳗池，污染水质。

2. 主要症状

轻微中毒时，鳗鲡无明显不良反应，仅体色转白，摄食仍较正常，随着中毒程度的加深，个体发白数量明显增加，摄食强度下降，直至绝食。捞出体色转白的个体，在无污染水中，2～3 小时后，体色转为正常。随着中毒的进一步加剧，鱼体活动状态改变，出现头向下、向后退游现象。鱼体机能下降，活动能力降低，病鳗往往被水流卷入池中央的排污栅，聚集成堆，鱼的体表黏液脱落，徒手可以捞取病鳗，病鳗肌肉痉挛不止。个别病鳗头露出水面，张口在水面窜游后沉底而死亡。死亡鱼体僵硬，口张开，鳃充血严重。解剖鱼体肝脏呈黄色，胆囊肿大，脾脏呈褐色，肠道及脂肪出血（彩图 57）。

3. 流行与危害

主要流行于 7 月底至 8 月中下旬。对米乐尔、益舒宝、甲基对硫磷、敌杀死等农药，一般规格较小的鳗鱼，首先出现中毒症状，其次为大规格鱼体也出现中毒症状。此病在养殖鳗鲡各个品种均易发生。该病死亡率高，如不及时处理，往往容易导致批量死亡。

4. 诊断

根据鱼体症状和了解水源受到污染的情况，可以进行初步判断。

5. 预防

①了解农田用药季节，避免用水水源的水质受到污染。②使用鳗鲡可忍受有机磷的安全浓度。

6. 治疗

①排除污染源大换水，每立方米水体使用解毒剂硫酸阿托品或山莨菪碱片 20～25 片，第二天换水后，继续用上述药品（用量减半）解毒，然后使用水质改良剂及氧化物改善水质，使鱼体摄食恢复健康。②病情严重者，在使用解毒剂的同时，也使用食盐、维生素 C 及一些中草药进行解毒，恢复鱼体健康。上述处理完后，在饲料中添加阿托品或山莨菪碱及保肝药，去除体内中毒，恢复内脏功能。

（四）微生态制剂中毒

1. 病原或病因

微生态制剂中毒（Probiotics intoxication of eel）的主要原因为微生态制剂受污染或所使用菌株不适合鳗鲡。

2. 主要症状

鱼体漂浮于水面。外观胃部膨胀，解剖发现胃内充气后膨胀，胆囊肿大，有时肠道黏膜脱落、发炎，肠道内有黄色黏液或严重积水，并有气泡。脾脏肿大、发黑（彩图 58）。

3. 流行与危害

当投喂污染后的微生态制剂或微生态制剂使用菌株不良时发生。

4. 诊断

胃充气，膨胀。

5. 防治方法

停止使用微生态制剂并停食 3 天，投喂抗菌药物，杀灭消化道细菌 3 天后恢复正常管理。

（五）鱼粉中毒

1. 病原或病因

鱼粉中毒（Fish meal intoxication of eel）因饲料原料中的鱼粉新鲜度不够，挥发性盐基氮（VBN）和组胺（Histamine）超标或酸价超标。

2. 主要症状

肠道糜烂出血，肠黏膜脱落，肠道腔内具有出血后凝集的血块。肝脏色泽淡呈黄色，胆囊肿大。起始消化不良，严重时病鳗不摄食，体质弱，死亡严重（彩图 59）。

3. 流行与危害

主要发生于摄食旺盛的夏秋季节。

4. 诊断

肠道内积血块。

5. 防治方法

控制鱼粉的质量，鱼粉使用质量优良的白鱼粉，减少红鱼粉的使用量。发现病鳗，停止投饵 3 ~ 5 天，以合格饲料投喂，并适当控制消化道感染。

六、其他病症

（一）肾肿瘤

1. 病原或病因

肾肿瘤（Kidney knub of eel）病因不明。引起水生动物肿瘤的原因主要有年龄、遗传因子、免疫因子、致癌因子或是否存在刺激物、外伤和致癌病毒等原因。

2. 主要症状

肾脏细胞增生，肾体积增大，肾组织形成大小不一的肿块（彩图60、彩图61）。除摄食量下降外，鱼体无其他异常表现。

3. 流行与危害

无明显流行规律，发病率非常低，引起的死亡少，因此，对鳗鲡养殖造成的危害小。

4. 诊断

凭解剖发现肾脏增大，肾组织增生为大小不一的肿块可确诊。

5. 防治方法

无良好治疗方法，销毁病鱼。

（二）畸形

1. 病原或病因

畸形（Catface of eel）原因不确切，但水质中重金属含量过高或筛选鳗鲡时导致脊椎骨损伤易发生本病。

2. 主要症状

病鱼躯体弯曲，弯曲处脊椎骨也弯曲。体色较正常鳗鲡深，游动也较缓慢，生长较正常鳗鲡稍慢，但大部分病鳗仍能生长至规格鳗鲡（彩图62）。

3. 流行与危害

日本鳗鲡发生率高于欧洲鳗鲡，尤其在有矿区的山区，利用山溪水或溶洞水养殖的日本鳗鲡发病率明显高于河水或水库水养殖的鳗鲡。在广东土池养殖中也常发生，严重时发病率高达15%左右，一般发病率在1%以下。一般不导致死亡，但鱼的售价受到严重影响。

4. 诊断

外观鱼体整体弯曲。注意与微孢子虫区别为整体弯曲，而不是肌肉凹凸。

5. 防治方法

筛选鳗鲡时注意操作，选择适宜规格的选鱼器，尽量不要夹鱼，即使夹鱼，应让鱼体自然脱离。

第五节　渔用药物的定义与使用原则

一、渔用药物的定义

用以预防、控制和治疗水产动植物的病、虫、害，促进养殖品种健康生长，增强机体抗病能力以及改善养殖水体质量的物质，称之为"渔用药物"。

凡直接利用生物活体或生物代谢过程中产生的具有生物活性的物质或从生物体提取的物质作为防治水产动物病害的渔用药物，称生物源渔用药物。

凡应用天然或人工改造的微生物、寄生虫、生物毒素或生物组织及其代谢产物为原材料，采用生物学、分子生物学或生物化学等相关技术制成的，用于预防、诊断和治疗水产动物传染病和其他有关疾病的生物制剂，称渔用生物制品。它的效价或安全性应采用生物学方法检定并有严格的可靠性。

二、休药期

最后停止给药日至水产品作为食品上市出售的最短时间。

三、渔用药物使用基本原则

①使用渔用药物应以不危害人类健康和不破坏水域生态环境为前提。

②使用渔用药物应严格遵循国家和有关部门的有关规定。严禁生产、销售和使用未经取得生产许可证、批准文号与没有生产执行标准的渔用药物。

③鼓励研制、生产和使用"三效"（高效、速效、长效）、"三

小"（毒性小、副作用小、用量小）的渔用药物，提倡使用水产专用渔用药物、生物源渔用药物和渔用生物制品。

④水生动植物的病虫害防治，应坚持"以防为主，防治结合"。病害发生时应对症用药，防止滥用渔药与盲目增大用药量或增加用药次数、延长用药时间。

⑤食用鱼上市前，应有相应的休药期。休药期的长短，应确保上市水产品的药物残留限量符合 NY 5070 的要求。

⑥水产饲料中药物的添加应符合 NY 5072 的要求，不得使用国家规定禁止使用的药物或添加剂，也不得在饲料中长期添加抗菌药物。

四、渔用药物使用方法

各类渔用药物使用方法应参照《渔用药物使用准则》（如果中药的拌料口服用量高达 10～30 克/千克体质量，按照投饵率 1%～2% 计算，则饲料添加药物的量达 500～3 000 克/千克）。

五、禁用渔药

严禁使用高毒、高残留或具有三致毒性（致癌、致畸、致突变）的渔药。严禁使用对水域环境有严重破坏而又难以修复的渔药，严禁直接向养殖水域泼洒抗菌素，严禁将新近开发的人用新药作为渔药的主要或次要成分。国家规定渔业禁用渔药共有 32 种，这些渔药的残留有害于人类健康。

第六节　常见病分析

苗种培育过程中的主要疾病有：细菌性疾病的爱德华氏菌病、丝状细菌病、烂鳃病和红头病；寄生原生动物的小瓜虫、鱼波豆虫、鳃隐鞭虫、车轮虫和粘孢子虫；蠕虫类的指环虫、三代虫及非病原性疾病的鳃充血、消化不良和摄食不良。

爱德华氏菌病主要由于丝蚯蚓暂养时间不够、消毒不严格所致，因而，应严格掌握丝蚯蚓的暂养时间及消毒程序，严禁投喂暂养时间不够及未消毒的丝蚯蚓。发病后应及时采用降温及选择敏感抗生药物如土霉素、氟苯尼考、磺胺间甲氧嘧啶等药浴，并将消毒丝蚯蚓用的抗菌药物不冲洗连续投喂 7 天以上进行治疗。

丝状细菌、红头病、烂鳃病主要由于水质恶化导致。当水中有机碎屑或颗粒较多时易使丝状细菌大量繁殖；红头病的主要诱发因子为 pH 值下降，水中 NH_3—N、NO_2—N 含量过高所致。预防应重视水质调控，保持水质优良；发病后更应重视水质处理，如清洗池塘、大换水及采用生石灰调 pH 值及使用水质改良剂如海中宝、沸石粉等改良池水，然后使用针对性药物处理病原体，有时仅采用连续调水后，保持水质优良同样能达到治愈的目的。

小瓜虫病是"白仔"培育中最易发生的疾病，现常用盐水浴、升温及中草药药浴等方法控制小瓜虫，但发病严重时应采用作用强烈的特殊药物处理，而这些药物对白仔的毒性大，将严重影响白仔的正常摄食、生长，严重时引起急性中毒。在使用时应注意药物浓度和浸泡时间，严禁使用高浓度药物及长时间用药。

黏孢子虫也是"白仔"培育中常见的寄生虫，尤其在欧洲鳗鲡白仔培育期的感染率达90%左右，白仔一旦受黏孢子虫大量感染将严重影响其摄食，导致生长不良。黏孢子虫可由丝蚯蚓传播，因而，应对丝蚯蚓严格处理；池底老化也是重要因子。在发病严重的养殖场，于"白仔"培育期应使用一些中草药制剂水浴或内服如磺胺间甲氧嘧啶、青蒿素等。一旦发现白仔已受感染，应防止细菌继发感染并及时采取措施抑制虫体的进一步繁殖，同时饲料中添加复合维生素增强鳗鲡体质，促进康复。

鞭毛虫类的鱼波豆虫、鳃隐鞭虫及纤毛虫类的单缩虫、车轮虫主要由于水源携带及养殖池水中营养丰富所致，预防困难，尤其这类虫体在适宜的条件下繁殖速度快，不同水源携带病原不同而导致各场流行状况差异显著。预防主要依靠保持水质稳定，增加池水中有益菌含量以达到生物相互抑制作用，另外，减少水中有机物含量也是预防其大量繁殖的有效途径。一旦发现少量寄生，应及时改良环境，大量寄生时应采用药物处理，常用有机铜如保水抑藻精、蓝天使或无机铜、高锰酸钾、戊二醛等水浴处理，但应严格掌握使用浓度，勿使鱼体产生中毒，导致异常情况的发生。

指环虫、三代虫也是常见的寄生虫。由于日本鳗鲡、欧洲鳗鲡使用药物存在差异，而且，随着虫体耐药性的产生，所能选择的药物种类越来越少，因而，养殖者采用高剂量的药物来驱虫，易导致鳗鲡中毒及产生生长受阻等严重副作用。在"白仔"培育期，应选择刺激性小、对鱼体副作用小的药物驱虫，并严格掌握使用剂量，可适当延长药浴时间以达到目的，同时应遵循用药程序，一周后重复用药一次杀灭新孵化幼虫，以延长同一类药物的使用周期，减少耐药性产生。

非病原性疾病的鳃充血、消化不良、摄食不良大多由环境条件不良及用药不当导致，作为预防，应重视环境调节及保持环境的稳定，减少药物使用导致的应激，另外，可于饵料中添加助消化、改善微循环、增强免疫的添加剂辅助治疗，但环境条件无法通过大换水、洗池等措施改良。

第六章 鳗鲡养殖水质检测与调控

内容提要：鳗鲡对水质的要求；水质检测方法；水质检测工具；检测技术与调控措施；鳗鲡养殖中水质调节的典型案例。

第一节 鳗鲡对水质的要求

水质对鳗鲡养殖至关重要，良好的水质是养殖成功的保障。

怎样的状态才称得上良好的水质呢？生产经验证明，养殖水质仅仅符合《鳗鲡养殖产地环境要求》规定标准是不够的，要提供鳗鲡最佳的生活环境，养殖水质还必须达到"嫩绿"、"清爽"。

"嫩绿"、"清爽"是生产实践的习惯用语，它意味着水体中有适量的浮游植物、浮游动物和分解性微生物。其中，浮游植物可起到遮阴、增氧和吸收氨氮的作用；浮游动物可抑制病虫害繁殖；分解性微生物可转化有害物而稳定水质。在拥有适量的浮游植物、浮游动物和分解性微生物的条件下，水体可保持稳定，呈"嫩绿"、"清爽"的颜色，是鳗鲡摄食和生长的最佳环境。在这种环境中，鳗鲡摄食正常，病害极少发生，生长健康迅速。反之则造成鳗鲡摄食差、病害多、生长慢、饵料系数高。

维持良好的水质环境，需要必要的辅助控制管理。这个"控制管理"，就是俗话所说的"养鱼要先养水"。所谓"养水"，就是在养殖水体中培养适量的浮游植物、浮游动物和分解性微生物，建立一个多样性生物的结构体系。

当前，我国鳗鲡的精养池养殖由于密度较高，为了保持水质不致恶化，一般采取大换水的方式，日换水量常常达到100%甚至更多。本书第四章列述的养殖技术，基本属于这种传统养殖方法。近年来，这方面的研究、试验正在取得重要进展。本章则是对近几年研究、试验与推广的初步总结，突出养殖水质的检测与调控，旨在对养殖模式的进一步改革、创新。

大换水养殖，不仅耗费大量水源，加大排放量，带来能源消耗和环境污染，还造成鳗鱼在几乎没有浮游生物和分解性微生物的清水环境下生存。俗话说"水至清则无鱼"，在这种清水中养鱼，因缺乏浮游生物和分解性微生物，鳗鱼排出的粪便、残余饵料，不能及时被分解而大量积累；水体中溶解氧因养殖生物的呼吸作用不断消耗，却又得不到藻类的光合作用补充，从而溶解氧越来越少；清水系统又为水霉菌、寄生虫等病害大量繁殖提供充裕的空间，侵害鱼体、诱发疾病的概率大大增加。频繁换水，水温必然不断变化，不但增加控温耗能，还因为每次换水对鳗鲡都是"换环境"，造成鳗鲡时常处于应激状态。换水还带来外界的细菌、病毒和寄生虫，也使鳗鲡发病率大大提高。

实践证明，良好的水质环境不是靠大量换水达到的，而是科学地解决"养水"问题，是通过培养适量的浮游植物、浮游动物和分解性微生物，构成养殖水体中一个多样性的、互为平衡的生物结构体系。其效果不仅节水、节能、保护环境，又能避害趋利，减少用药，规避"药残"，降低成本，提高养殖经济效益。

第二节　水质检测方法

建立并保持良好的水质环境，必须了解和掌握水质检测技术。水质检测是养殖过程中一个非常重要的环节。发达国家的水产养殖，日常管理的第一要务，就是观察和检测水质。养殖水质检测常用的方法主要有五种。

1. 经验法（图6-1）

（1）**主要特点**　养殖人员凭借自己的生产经验，人为地判断水质的各项指标。如根据水体的颜色可判断水质的优劣；鱼类集中于水面，可能是水中缺氧等。这些人为的判断只是一个粗略的结果。

（2）**应用情况**　仅依靠经验判断并不可靠。生产经验虽然是养殖生产的宝贵财富，但准确、可靠的方法，还应通过化学法、仪器法。

2. 试纸法（试剂盒法）（图6-2）

（1）**主要特点**　如pH试纸法、氨氮比色法、亚硝酸氮比色方法，一般作为粗略的测量。

（2）**应用情况**　适用于生产实践中水质的现场快速检测。该方法成本低廉，使用方法简单，检测快速，结果直观，很受养殖户和小渔场的欢迎。

 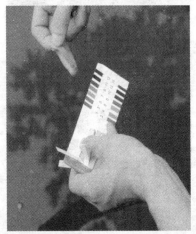

图6-1　看水色　　　　　　图6-2　测pH值

3. 化学法（图6-3）

（1）**主要特点**　化学法最大优势是检测数据准确可靠，不足是：①检测过程复杂，时间较长，检测人员要有一定的专业技能；

②水样送到实验室时，各项指标可能发生变化，导致检测结果出现偏差；③需要一些仪器，在生产中难以实施。

（2）应用情况 该方法特别适合中小型渔场水质的检测。常用的测定仪有pH值试纸、溶氧仪、便携式氨氮测定仪、硬度测定仪、电导仪等。

4. **电极法（单项水质测定仪）（图6-4）**

（1）主要特点 电极法仪器多为便携式，体积小巧，特别适合养殖现场、工厂化养殖车间的水质检测；仪器操作面板简单，检测结果清晰直观；测量的数据准确，检测快速，工作效率高。

（2）应用情况 该方法适合中小型渔场水质的检测。常用的测定仪如：pH值试纸、溶氧仪、便携式氨氮测定仪、硬度测定仪、电导仪等。

图6-3 化学法测溶解氧

图6-4 溶氧仪测溶解氧

5. **多参数水质分析仪（图6-5）**

（1）主要特点 能同时快速地检测10～90项指标，是一种方便快捷的野外监测工具，由仪器自动处理。仪器的操作界面简洁，结果直观，测量结果稳定可靠。

（2）**应用情况** 多参数水质分析仪有着十分广阔的应用前景和良好的经济效益和社会效益。但价格较贵，生产中常难以普及。

图6-5 多参数水质分析仪

第三节 水质检测工具

水质检测经常需要检测的重要参数是溶解氧、pH 值、氨态氮和亚硝态氮、温度、透明度、颜色、浮游生物等。为了检测这些指标，一般应具备以下器材及工具（图6-6）。

第四节 检测技术与调控措施

一、水温

水温直接影响鱼的生存和生长。在适温范围内，随着温度的升高，鱼类的代谢相应加强，摄食量增加，生长快。为提高生产效果，必须建立最适温度环境。

a. 透明度盘　　　　　b. 水下温度计　　　　　c. 普通显微镜

d. 放大镜　　　　　　e. 电子天平　　　　　　f. 解剖镜

g. 解剖器材　　　　　h. 采水器　　　　　　　i. 浮游生物网

j. 浮游生物浓缩器　　　k. 采泥器　　　　　　l. 微量移液器

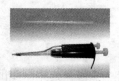

m. 浮游动物计数框

n. 浮游植物计数框

o. 溶氧测定仪

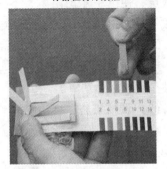

p. pH 值试纸

q. 氨态氧快速分析盒

r. 亚硝酸盐快速分析盒

图 6 – 6　水质检测常用工具

1. 测量方法

精养池内使用普通温度计，土池塘测水温采用专用的水下温度计，方法：将水下温度计投入水中至待测深度，感温 5 分钟后，迅速上提并立即读数。从水温计离开水面至读数完毕应不超过 20 秒，读数完毕后，将筒内水倒净。

2. 水温测量结果与调控措施

（1）水温测量结果　①上层水温高，底层水温低，温差大于 5℃时，由于上下水层的温差越来越大，密度差也相应增大，形成热成层，使上下水层阻隔，不能对流，不能进行物质交换，底层形成氧债，引起缺氧，导致鱼类死亡。

②上层水温低，下层水温高时，池塘上层水温低，下层水温高，容易形成上下水层快速对流，上层水的溶解氧很快消耗，致使整个池塘水体缺氧。

（2）调控措施　科学使用增氧机（图 6 - 7 和图 6 - 8），及时消除水体分层，避免形成氧债。未装增氧机的池塘，可使用水泵搅动上下层水体。

图 6 - 7　叶轮式增氧机

图 6 - 8　水车式增氧机

二、透明度

水的透明度影响水生生物的生活，反映水体中浮游生物的丰歉程度，是反映水质状况的一项指标。透明度测定的常用方法有铅字法、塞氏盘法、十字法等。这里只介绍塞氏盘法测定水体透明度。

（1）透明度的测定方法　①选水域，选择无直射光照、水面平稳、没有波浪的水域作为测量地点。

②放透明度盘，将塞氏盘缓缓放入水中（图6-9和图6-10）。

图6-9　透明度盘位于水面上

图6-10　透明度盘沉入水下

③测透明度，水下恰好看不见盘面白色时，即是测定水域透明度的合适深度（图6-11）。

图6-11　正好看不清透明度盘面

④记录透明度值，记录水面以下绳子长度，此数据即代表了水体透明度。反复测几次，以求准确。

（2）**透明度**　透明度的大小反映了水体生物结构状态，是判断是否添加益生菌等水质管理的重要依据。

三、水色

水色是池塘生态系统的"晴雨表",水色主要是浮游生物的大量繁殖所引起的。不同浮游生物含有不同的色素,从而造成池水的颜色不同。通过观察池塘水色及其变化,可判断水质的好坏。当池塘水色呈现茶色(茶褐色)、淡绿色(翠绿色)、油绿色、黄绿色、浓绿色水(浓而不浊)五种情况时表明水质良好。当池塘水色呈现蓝绿色或老绿色,灰绿、灰蓝或暗绿色,酱红色或砖红色,黑褐色与酱油色,黄色水,白浊色(乳白色),澄清色,浑浊、分层、黄泥色八种情况时是危险水色,表明水质老化或恶化,应及时采取相应的调控措施(表6-1)。

表6-1　养殖水体常见水色类型及处理

水色	主要特点	调控措施
茶色(茶褐色) (彩图63)	水质较"肥、活",水中的藻类是硅藻,如三角褐指藻、新月菱形藻、角毛藻、小球藻等,都是水产养殖动物的优质饵料,是养殖的最佳水色	不需处理
淡绿色(翠绿色) (彩图64)	水质嫩爽,肥度适中,水中的藻类是绿藻,常见的有小球藻、海藻、衣藻等。绿藻能吸收水中大量的氮肥,净化水质,养殖动物在此环境中生长快,体色透明	不需处理
油绿色 (彩图65)	优质水,表示水质肥瘦适度,它在施用有机肥的水体中较为常见。藻类主要组成是硅藻、绿藻、甲藻、蓝藻,且数量比较均衡	不需处理

水色	主要特点	调控措施
黄绿色 （彩图66）	硅藻和绿藻共生的水色，兼备了硅藻水与绿藻水的优势，水色稳定，营养丰富，此种水色养殖的水产动物活力强，体色光亮，生长速度快	不需处理
浓绿色 （彩图67）	水色的水质看上去较浓，多见于养殖中后期，透明度在20厘米左右。水中的藻类以绿藻为主，水质较肥，但活、爽，水中悬浮颗粒少，有利于减缓动物对环境与气候变化的应激反应	排去少量老水，补充新水
蓝绿色或老绿色 （彩图68）	蓝绿藻或微囊藻大量繁殖，水较浓而浊，在下风处，水表层往往有少量绿色悬浮细末，这在老化池最易发生，易变成"铜绿色"，水体很快老化，大量藻类死亡后漂浮于水面，此环境中发病率高	加石灰调整水体 pH 值；在下风口捞除蓝藻；用高浓度的硫酸铜、硫酸亚铁直接泼洒在藻团上，并注意增氧；泼洒"浊水清"螯合重金属离子
灰绿、灰蓝或暗绿色 （彩图69）	有害藻类浓度大，并开始死亡分解，水面呈现浮油污状物	开动增氧机，使用增氧剂，如过氧化钙；换水；使用二氧化氯；使用微生物制剂和肥料，重新培肥水体

第六章　鳗鲡养殖水质检测与调控

四、溶解氧

水中溶解氧直接影响鱼类的生命活动。溶解氧是渔业水质检测的首选因子。溶解氧的测定主要是借助溶解氧测定仪对养殖水源进行检测，根据所采用探头的不同类型，可测定氧的浓度（毫克/升）或氧的饱和百分率，或者二者皆可测定。

1. 溶解氧的测定与调控

（1）选择仪器装配 测试之前必须按仪器说明书的要求装配仪器探头，并灌入电极内的支持电解质（图6-12）。

图6-12 便携式溶解氧测定仪

（2）检查仪器 对使用过的仪器探头必须检查电极状态，发现电极内有气泡和铁锈状物质，必须卸下薄膜，处理后重新装配（图6-13）。

（3）零点校准 将仪器探头浸泡于无氧水［通常采用无水亚硫酸钠（Na_2SO_3）或七水合亚硫酸钠（$Na_2SO_3 \cdot 7H_2O$）的饱和溶液］中，进行仪器调零（图6-14）。

（4）校准 用碘量法测定某水样的溶解氧浓度，然后将调零后的仪器探头放入该水样中，在不断搅拌的情况下调节旋钮，把仪器的指针调到该水样溶解氧浓度数值的位置上，或按仪器说明书要求校准（图6-15）。

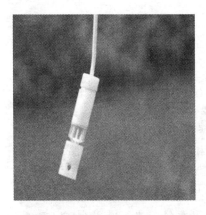

图6-13　检查溶解氧测定仪探头

图6-14　溶解氧测定仪零点校准

（5）**水样测定**　将探头放入待测水体，测定水体中溶解氧。如果待测水体为静止水体，必须使探头不断摆动，以防止探头周围形成溶解氧的浓度梯度，影响测定的准确性（图6-16）。

图6-15　溶解氧测定仪准确度校准

图6-16　溶解氧的测定

2. 溶解氧的调控方法

　　溶解氧的测定为水体中溶解氧的调控提供了科学理论依据。调控方法如下：

　　①溶解氧测量结果小于2毫克/升时，应立即启动增氧机增氧，同时加注溶解氧量高的新水，或全池泼洒化学增氧药物（如泼洒

增氧剂），或用黄泥、明矾等化浆全池泼洒。

②溶解氧测量结果为 2～4 毫克/升时，立即打开增氧机，同时加注溶解氧量高的新水，或全池泼洒化学增氧剂过氧化钙等。

③溶解氧测量结果为 4～5 毫克/升时，合理使用增氧机或加注新水。

④溶解氧测量结果为 5～8 毫克/升时，水体溶解氧适中，宜合理使用增氧机，促使上层富氧水和下层缺氧水对流，保持适当的日照和通风。

⑤溶解氧测量结果大于 10 毫克/升时，水体溶解氧超量，会导致鱼苗气泡病，应加注新水，排出部分老水。可采用泼洒粗盐、换水等方式逸散过饱和的氧气。

五、pH 值

鳗鱼养殖水体的 pH 值以 7.0～8.5 为宜，即池水呈中性或微碱性。

1. pH 值的测定

测定 pH 值的常用方法有试纸测定、比色法（试剂测定）和 pH 值计测定三种。这里只介绍试纸测定法。

（1）pH 试纸的选择 根据待测溶液的酸碱性，选用某一变色范围的试纸（图 6－17）。

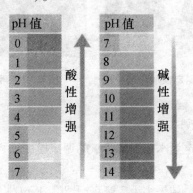

图 6－17 pH 试纸

（2）**pH 值的测量**　用洁净的玻璃棒蘸取被测试的水溶液，滴在 pH 试纸上，显色 1~2 分钟（图 6-18）。

（3）**pH 值记录**　将试纸显示的颜色与标准比色卡对照，看与哪种颜色最接近，则是被测水体的 pH 值（图 6-19）。

图 6-18　测量 pH 值

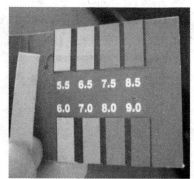

图 6-19　与比色卡对照

2. 水体 pH 值的调控

（1）**pH 值小于 6**　应立即调节，用生石灰浆全塘泼洒，用量为 10~15 千克/亩。

（2）**pH 值为 6~7**　需预防 pH 值下降，可定期向池中泼洒石灰浆。

（3）**pH 值为 7~9**　这是比较适宜的 pH 值范围。

（4）**pH 值大于 9**　每亩用 500 毫升左右的醋酸，充分稀释后全池泼洒，或换水。

六、氨态氮

养殖水体中的氨态氮主要由水生动物的排泄物、残饵等物质分解产生。氨态氮有 NH_4^+ 和 NH_3 两种形态，其中非离子氨"NH_3"可腐蚀水生动物的鳃组织，破坏鳃的呼吸功能。氨的毒害作用与水体的温度及 pH 值有关，水温和 pH 值越高，则危害越大。氨态氮的两种形态是可以互相转化的［$NH_3 + H^+ \rightarrow NH_4^+$］。我国渔业水质要求，养殖水体中氨态氮含量一般以不超过 0.2 毫克/升为宜。

1. 氨态氮快速检测方法

（1）**选购试剂盒**　购买试剂盒（图 6 - 20）时，要选择信誉良好、质量可靠的生产厂家，同时注意生产日期。

（2）**取水样**　用干净的比色管，反复用池水冲洗 2 ~ 3 次后，在离岸 1 米的水下 50 厘米左右处取水样，并在水面下盖好瓶塞（图 6 - 21）。

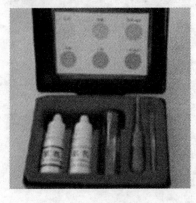

图 6 - 20　试剂盒

图 6 - 21　取水样

（3）**加指示剂**　往管中加试剂氨氮（Ⅰ）2 滴，盖上管塞摇匀；打开管塞再加试剂氨氮（Ⅱ）5 滴，盖上管塞摇匀放置 5 ~ 10 分钟（图 6 - 22）。

（4）**比色**　打开比色管盖，从上往下观察颜色，并与比色卡上的色标对照，与比色管中相同的色标所示数字即为鱼池中水的氨氮含量（图 6 - 23）。

图 6 - 22　加指示剂

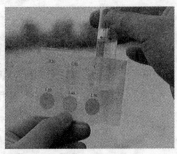

图 6 - 23　比色

2. 水体氨态氮的调控

①水体氨态氮测量结果小于 0.2 毫克/升，表明水体氨态氮含量低，水质良好，符合我国及欧盟渔业水质标准，不需处理。

②水体氨态氮测量结果为 0.2~0.5 毫克/升，不符合渔业水质标准，需换水处理，或施用微生物制剂改善水质。

③水体氨态氮测量结果大于 0.5 毫克/升，表明水质恶化，污染严重，可能导致鳗鲡食欲减退与氨中毒，需换水、增氧或撒沸石粉、盐处理。

七、亚硝酸盐总量

亚硝酸盐是氨转化为硝酸盐过程的中间产物。当氧气充足时，它可以在微生物作用下转化为对鱼毒性较低的硝酸盐，但也可以在缺氧时转化为毒性较强的氨态氮。亚硝酸盐毒性较强，是诱发暴发性疾病的重要因素。

1. 亚硝酸盐快速检测方法

（1）**亚硝酸盐快速分析盒的选购**　购买试剂盒时要选择信誉良好、质量可靠的生产厂家，同时注意生产日期（图6-24）。

（2）**取水样**　用干净的比色管，反复用池水冲洗 2~3 次后，在离岸 1 米的水下 50 厘米左右处取水样至刻度线（图6-25）。

图6-24　亚硝酸盐分析试剂盒

图6-25　取水样

（3）**加指示剂**　向管中加入一塑料勺亚硝酸盐试剂，摇动使其溶解（图6-26）。

（4）**比色**　10分钟后，测定管竖直放置色卡空白处，置张开的手掌处背光。自上而下与标准色卡目视比色，颜色相同的色标即是水样的亚硝酸盐含量（以氮计：毫克/升）（图6-27）。

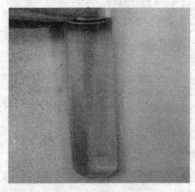

图6-26　加指示剂显色

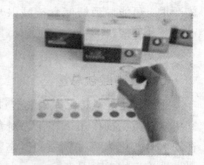

图6-27　比色

2. **亚硝酸盐的调控**

①水体亚硝酸盐测量结果小于0.05毫克/升，表明含量低，对鱼体不会造成任何危害，适应鱼类的摄食生长，不需处理。

②水体亚硝酸盐测量结果为0.05～0.1毫克/升，符合渔业水质标准，一般不会对水生动物产生明显的危害。可采取预防措施，定期施用微生物制剂改善水质，如光合细菌及EM等。

③水体亚硝酸盐测量结果为0.1～0.5毫克/升，可导致鱼类慢性亚硝酸盐中毒，表现为摄食量下降、呼吸困难、游动缓慢、骚动不安。可使用沸石、聚合氯化铝或活性炭等改善水质。

④水体亚硝酸盐测量结果大于0.5毫克/升，鱼类中毒症状继续增加，体力衰退，游泳无力，导致缺氧、窒息死亡。急救措施是加水同时增氧，每亩水面（水深1米）全池泼洒"速氧精"0.5～1.0千克。

第五节　鳗鲡养殖中水质调节的典型案例

当前,鳗业界正在总结、推广一系列行之有效的水质调节办法,主要有以下几种。

一、池塘处理

土池放养前,保留池水 30～40 厘米,使用生石灰进行清塘消毒。每亩撒生石灰 150～250 千克,可将池水 pH 值提高到 11 以上,既可清除野杂鱼类、水中昆虫,又可改良池底土质的酸性。加注水至适当水深,一般 15～20 天后 pH 值可回落至 8～9,经过试纸测定法测试证明石灰碱性消失后即可放养鳗鲡。

二、掌握水色,培养微囊藻

池水要保持茶色或绿色,透明度以 25 厘米左右为宜。当水色变淡或透明度大于 25 厘米时,应培养微囊藻。微囊藻的光合作用,是池水中溶解氧的重要来源。如藻类缺乏,可采用"引种"办法,从附近池塘中捞取微囊藻种放入鳗池,追施硫酸铵,每亩 0.5～1.0 千克,连续 2 天。或用保水王(光合细菌)2～3 毫克/升,先在阳光下活化 1～2 小时,然后全池泼洒,可促进藻类的迅速繁殖、生长。

藻类繁殖不能过量,过量会使水体变得绿而油,不清爽,甚至出现"水华",对鳗鲡的摄食生长不利。故当水体透明度小于 15 厘米时,则应注入新水,将透明度提高到 25 厘米左右。也可用药物杀死部分藻类。通常采用硫酸铜 0.3 毫克/升在下风处藻类集中的地方多点泼洒,或用"蓝博士"1 毫克/升,或用优马林(环保产品)0.5～0.6 毫克/升加病毒净 0.3～0.4 毫克/升。使用杀藻剂后,藻类死亡容易使水质变化,需注意增氧及换水。

三、控制浮游动物

浮游动物中的枝角类和桡足类可通过摄食抑制某些寄生虫幼

体，但也大量摄食微囊藻。当浮游动物繁殖过于强盛时，2～3天内就会把全池浮游植物吃光。尤其是轮虫影响最大，为限制轮虫繁殖，可在鳗池中搭养一定数量的鳙鱼，一般每亩可搭养2龄鳙鱼10～20尾，借助鳙鱼消耗浮游动物，达到水体平衡。若浮游动物仍然繁殖过快，则可用晶体敌百虫泼洒，使池水呈0.5～1毫克/升浓度予以杀灭。

四、实施"可控生态养殖新技术"

尽可能减少使用药物进行水体消毒。频繁、过量地使用药物进行水体消毒，既破坏已建立的水体生物系统，也无法建立新的水体生态系统。而此时，水体中的有害病菌和寄生虫总是会捷足先登，大量繁殖，引发病虫害发生。反复杀虫便形成"杀虫—换水—杀虫—换水"的恶性循环，产生药物诱发性的多种疾病，更带来药物残留的隐患。鳗鲡养殖过程中，使用药物抑制和杀灭寄生虫有时不可避免，但不可忽视药物"既能杀虫，也会杀鱼"的"双刃剑"特性。要尽可能减少使用药物进行水体消毒，尽可能建立一个稳定的多样性生物结构，通过"生物防治"的途径来抑制寄生虫的暴发，从而达到少用药的目的。有人通过在养殖水体中培养浮游生物的办法抑制病害，达到了节水、节能、少用药、提高成活率和缩短饲养周期的明显作用。

五、经常检测池水的溶解氧、氨氮、亚硝酸盐、pH值等各项指标

分析鱼类生存状态首先是寻找水质依据，而不要动辄怀疑"鱼病"。溶解氧不足，即要增加开增氧机的台数和时间，换新鲜水或施用增氧剂使水体中经常保持充足的溶解氧。氨氮偏高可用"保水王"2～3毫克/升或"益池保"0.20～0.35毫克/升全池泼洒，这些微生物制剂既使用安全又能迅速分解水体中有机物从而降低氨氮。亚硝酸盐偏高，使用反硝化细菌制剂可迅速降低亚硝酸盐含量。pH值偏高可使用降碱灵调节；pH值偏低，可定期用生石灰20毫克/升全池泼洒。水体中大型水生植物和螺类的大量繁殖

也会影响水质，水生植物空塘时可用硫酸铜杀灭，或用人工捞取办法处理。螺类除使水体变得清瘦外，还是多种寄生虫的中间宿主，可用克虫 C 型（0.25～0.35 毫克/升）全池泼洒杀灭。

六、应用水产微生态制剂

水产微生态制剂是利用养殖水体中有益的微生物和养殖对象体内有益的微生物经特殊加工制成的活菌制剂。施用微生态制剂，能产生一定的生物效应或生态效应，调控水质，也可用于调整或维持动物肠道内微生态平衡，达到防治疾病、提高健康水平和促进生长的目的。推广应用水产微生态制剂是水产养殖病害防治的发展方向，在整个养殖过程中通过"水体中有益细菌—浮游植物—浮游动物—鱼"的食物链生态防治方法，可以做到养殖过程中少用药物，甚至不用药物以避免药物残留。

2008 年以来，福建福清、长乐、龙岩的部分养鳗场应用试验表明，在高密度养殖鳗鱼的条件下，使用水产微生态制剂可使水质保持良好状态，达到抑制病害发生和提高养殖经济效益的明显效果。其中，长乐大康水产养殖公司测算认为，由此可提高饲料转化率达 5%～8%。单节约用水一项，可使传统养殖的用水量减少 80% 以上，相当于每吨鳗鲡养殖用水由 1.5 万吨降为 3 000吨左右。

七、推广微孔增氧技术

微孔增氧就是池塘管道微孔增氧技术。它是通过罗茨鼓风机与微孔管组成的池底曝气增氧设施，直接把空气中的氧输送到水层底部，是能大幅度有效提高水体溶解氧含量的一种新的池塘增氧方式。它的特点是：变表面增氧为底层增氧，变点式增氧为全池增氧，变动态增氧为静态增氧。从而大大提高了池塘增氧效率，应用高效微孔增氧曝气技术，可以改善池塘水体生态环境，提高水体溶解氧含量，不单抑制了水体有害物质的产生，而且减少了养殖动物的疾病，有利于促进养殖动物的生长。高效微孔增氧曝气技术可减少因机械噪声产生的养殖动物应激反应。

微孔底部增氧与水面增氧的各种增氧机比较，具有耗电少、效率高的特点。消耗 1 千瓦动力的微孔增氧设备可产生 3.6～4.9 千克的氧气，比传统增氧装置高 3～5 倍。一套功率为 2.2 千瓦的微孔增氧装置可同时提供 12 口养鳗塘的增氧需要。因其节能高效，是国家重点推荐的一项新型渔业高效增氧设备，有利于推进生态、健康、优质、安全养殖，购置时可享受 30% 的财政补贴。

　　福建省水产技术推广总站于 2008 年起在鳗业推广微孔底部增氧，用其配套建立"可控生态养殖技术"，取得了显著成效。

第七章　鳗鲡的营养需求及饲料配制

内容提要：鳗鲡饲料的特性；鳗鲡的营养需求；鳗鲡饲料的主要原料；鳗鲡饲料的品质；鳗鲡饲料的技术要求；鳗鲡饲料的质量判断。

饲料是鳗鲡养殖的基础。鳗鱼通过摄食饲料获得能量和营养才得以生长发育，要使鳗鲡健康生长，必须给其提供适口和营养全面的饲料。鳗鲡饲料成本一般占养殖总成本的50%以上。充分了解鳗鲡的营养需求及饲料配制，对提高鳗鲡的养殖效益至关重要。

第一节　鳗鲡饲料的特性

鳗鲡属于肉食性鱼类。在自然水域中，以水生动物为食。幼鳗阶段喜欢摄食桡足类幼虫、水蚤和虾类，成鳗阶段以贝类、甲壳类、鱼类及动物尸体为食。

人工养殖中，鳗鲡基本使用配合饲料。鳗鲡的配合饲料是根据鳗鲡不同生长阶段的营养需要，以饲料营养价值评定的实验和研究为基础，把不同来源的原料按科学配方，依一定比例均匀混合，按规定的工艺流程生产的混合饲料。

合理搭配的配合饲料，综合了各种饲料原料的不同功能，使其尽可能达到全价营养价值，具有单一的饲料原料不可比拟的优势。

单一的饲料原料功能不同，有的以供应能量为主，有的以供应蛋白质为主，有的以供应矿物质或维生素为主。有的饲料原料粗纤维含量高、适口性差、不能直接投喂、难以加工保存或使用不便等。所以，以单一原料为饲料，普遍存在营养不平衡、饲养效果差的突出问题。为提高饲料的营养价值和使用效率，充分、合理利用各种饲料原料，必须将各种饲料合理搭配。我国已为鳗鲡饲料制定了质量标准。鳗鲡饲料的品种形态有"粉状"和"浮性颗粒状"两种。按不同生长阶段的营养需要配制的品种有：白仔鳗饲料、黑仔鳗饲料、幼鳗饲料和成鳗饲料。此外，"白仔"开口料也已投产试用。饲料成本约占鳗鲡养殖总投入的一半以上，故饲料的性价比直接影响养殖效益。当前，我国一些企业的饲料品牌已驰名中外，全国生产能力每年达 30 多万吨。

第二节　鳗鲡的营养需求

配制鳗鲡饲料，必须了解鳗鲡的营养需求。鳗鲡所需的营养主要包括蛋白质、脂肪、碳水化合物、维生素、矿物质五类。鳗鲡在不同的生长阶段，对饲料的需要量有所不同。科学的配方结构，对提高饲料的性价比至关重要。

1. 蛋白质

蛋白质是鳗鲡成长的物质基础。鳗鲡作为肉食性鱼类，不仅要求饲料中的蛋白质含量高，而且要求氨基酸的品种齐全。

蛋白质是由氨基酸的分子连接而成的。构成蛋白质的氨基酸有 20 种，它们存在于所有动植物及微生物的蛋白质之中，是构成蛋白质的基本单位。

鳗鲡对蛋白质的吸收利用实际上是对必需氨基酸的利用。因此，构成饲料成分的蛋白质，合理的氨基酸配比非常重要。和其他鱼类一样，鳗鲡的必需氨基酸是精氨酸、组氨酸、异亮氨酸、亮氨酸、赖氨酸、蛋氨酸、苯丙氨酸、苏氨酸、色氨酸和缬氨酸 10 种。研究结果表明，鳗鲡对各种必需氨基酸的最低需要量（以占饲料蛋白质含量的百分比表示）为：精氨酸 4.2%、组氨酸 2.1%、异亮氨酸 4.1%、亮氨酸 5.4%、赖氨酸 5.3%、蛋氨酸 3.2%、苯丙氨酸 5.6%、苏氨酸 4.1%、色氨酸 1.0%、缬氨酸 4.1% 。

蛋白质分为植物蛋白和动物蛋白两种。作为鳗鲡饲料的蛋白质主要来自动物蛋白,这是因为植物蛋白缺乏鳗鲡所必需的某些氨基酸,这也是目前大量使用"鱼粉"的重要原因。

2. 脂肪

脂肪是鳗鲡重要的能量来源。饲料含有一定量的脂肪,有利于促进鳗鲡的生长和节约饲料蛋白质。脂肪的主要成分是脂肪酸,脂肪酸分为饱和脂肪酸、不饱和脂肪酸和反式脂肪酸。鳗鲡和别的动物一样,能够利用自身吸收的碳水化合物和蛋白质来制造饱和脂肪酸和一价不饱和脂肪酸,储备起来作为能量。但无法合成 $\omega-3$ 系列与 $\omega-6$ 系列的某些脂肪酸,如亚油酸、亚麻酸等,必须从食物中摄取。所以,鳗鲡饲料中添加的脂肪,应重视其必需脂肪酸的含量。

有关研究显示,鳗鲡对脂肪的需求量占食物的 20% 以上。其中,对亚油酸的需求量为 0.5% ,对亚麻酸的需求量为 0.5% ~ 1.0% 。

3. 碳水化合物

鳗鱼是肉食性鱼类,不能大量地利用饲料中的碳水化合物,饲料中碳水化合物含量过高会引起鳗鲡肝脏肿大。一般鳗鲡粉状配合饲料中都含有 20% ~ 25% 的 α - 淀粉,主要作为饲料的黏合剂并提供能量来源。这是为了增强鳗鲡饲料的黏合性,避免在水中摄食的过程中散失,因为这种散失既造成浪费又污染水质。

4. 维生素

鳗鲡需要的维生素有水溶性和脂溶性两类。水溶性维生素为维生素 B_1、B_2、B_6、B_{12}、泛酸、烟酸、生物素、叶酸、胆碱、肌醇和维生素 C 11 种,脂溶性维生素为维生素 A、维生素 D、维生素 E 和维生素 K 4 种。维生素 C 缺乏症与温血动物的贫血病相似;胆碱或肌醇的缺乏症导致肠道失色,吸收不良。缺乏维生素 B_2、泛酸和烟酸这些水溶性维生素,会使鳗鲡出现皮炎,包括出血和鳍条充血甚至皮肤溃烂。缺乏维生素 E 会导致鳗鲡食欲减退,生长缓慢,出血和鳍条充血以及皮炎。鳗鲡对维生素缺乏相当敏感,很容易出现维生素缺乏症，故对维生素的需要量比其他温水性鱼类要高。

5. 矿物质

鳗鲡缺乏钙或磷的饲料，会在一周内逐渐失去食欲，接着出现生长减慢；投喂缺乏镁和铁的饲料，鳗鲡也会在 3 ~ 4 周后出现食欲减退现象。鳗鲡对矿物质的需要量比一般鱼类要高，矿物质的添加量一般为 2%。表 7 - 1 为鳗鲡对几种主要矿物元素的最低需要量。

表 7 - 1　鳗鲡对几种主要矿物元素的最低需要量

单位：毫克/千克饲料

主要矿物元素	钙	磷	镁	铁	锌
最低需要量	2 700	2 500 ~ 3 200	400	170	50 ~ 100

第三节　鳗鲡饲料的主要原料

鳗鲡饲料的原料要符合三个条件：一是尽量满足鳗鲡的营养要求；二是适口性强，使用方便；三是使用效益高。当前，我国生产鳗鲡饲料的原料主要有鱼粉、α - 淀粉、豆粕、酵母、蛋氨酸、赖氨酸、复合维生素和矿物质等。原料品质决定了饲料质量。购进的每批原料都要认真进行验收，安排专人保存管理。备用的原料要分别储存于指定仓库，按品名、规格分别堆放整齐，防止挤压、倒塌。所有原料应离地面 10 厘米以上，并与墙壁保持一定的距离，保持清洁卫生、干燥通风、防鼠等。原料出库时，应按保质期时限，先进先出。

一、鱼粉

由于植物性蛋白质缺少鱼类必需的蛋氨酸或赖氨酸，故鳗鲡饲料偏重于动物性蛋白质。鱼粉是动物性蛋白质的主要来源，在鳗鲡饲料中占 50% ~ 70%。鱼粉的蛋白质含量高，粗蛋白含量达

60%～65%甚至更高，组成氨基酸接近水产动物体组成，易于消化，为鳗鲡饲料的优质蛋白原。鱼粉由不同鱼种烘烤粉碎而成，分白鱼粉和红鱼粉两种（彩图70和彩图71）。生产鳗鲡饲料用的鱼粉必须具备高蛋白质、低脂肪的特性，含油量过高的鱼粉不仅在加工时容易粘筛，且会影响成品的黏弹性。必须注意鱼粉与淀粉的亲和性，有些进口鱼粉虽然质量好，但其与α–淀粉混合后不具备鳗料所应有的黏弹性，因而不能作为生产鳗料的原料。

鱼粉较为昂贵，在鳗鲡饲料中比重大。合格的鱼粉必须具备以下条件。

（1）**外观检验**　呈膨松纤维状或松软粉状，无结块及霉变，粒度均匀；白鱼粉呈黄白色至淡黄褐色，红鱼粉呈黄褐色或黄棕色等颜色。

（2）**气味检验**　有新鲜鱼腥味，无霉味、苦味、酸败氨臭等异味。

（3）**黏弹性检验**　与淀粉搅和成团状后，具有良好的伸展性和弹性。

（4）**夹杂物检验**　在裸眼检查或镜检下未见掺和非鱼粉蛋白源，如尿素、皮革粉、羽毛粉、血粉、贝壳、植物饼粕等。

（5）**水分检验**　一般不得超过10%。

（6）**氨基酸及其他成分检验**　鱼粉中10种必需氨基酸含量、粗蛋白质、粗脂肪、粗灰分、VBN、盐分、磷、钙、霉菌、镉等的含量也必须符合既定的标准。

（7）**容重检验**　取样品轻轻地倒入1 000毫升量筒至刻度，可用刮铲或匙调整容积，不得震动和敲打，后倒出称重（当怀疑有掺假时）。

（8）**新鲜度检验**　将样品倒在滤纸上，与豆粉按1:1比例混合搅拌，滴上苯酚红溶液，3～5分钟后观察其显色反应，不得出现红色。

（9）**卫生指标**　参考《鱼粉》（GB/T 19164—2003）及《饲料卫生标准》（GB 13078—2001）的规定。

（10）**标签要求**　符合《饲料标准》（GB 10648—2003）的规

定。进口鱼粉必须附具中文标签，并在标签上标明产品登记证号。

二、α-淀粉

α-淀粉是以马铃薯或木薯生粉为原料，经掺水搅拌后糊化、烘干、粉碎、冷却而成的产品，也称熟化淀粉，在鳗鱼饲料中占22%～25%，主要起能源和黏合剂的作用（彩图72）。由于α-马铃薯淀粉的黏合性和适口性较好，所以被普遍采用。α-淀粉存在与蛋白源相匹配的问题，即一种鱼粉与不同的α-淀粉和一种α-淀粉与不同的鱼粉相配合，饲料的黏性并不相同。有的鱼粉与α-淀粉不匹配，无法黏合，这是必须注意的。

α-淀粉的检验方法如下。

（1）**外观检验**　均匀白色粒状晶体。

（2）**细度检验**　用100目筛筛分，称筛下物重量，原则上越细越好。

（3）**黏弹性检验**　将样品和鱼粉按1∶3比例混合搅拌后加入120%的水，搅和成团状后，具有良好的伸展性和弹性。

（4）**水分检验**　一般不得超过4%。

（5）**卫生指标**　参考《饲料级预糊化淀粉》（HG 3634—1999）及《饲料卫生标准》（GB 13078—2001）的规定。

三、豆粕

豆粕是大豆榨取豆油后的副产品，蛋白含量通常在40%以上，是鳗鱼饲料最常用的植物性蛋白质原料（彩图73）。豆粕蛋白质中赖氨酸、组氨酸等必需氨基酸含量较高，赖氨酸含量在2.4%左右，但蛋氨酸含量较低。豆粕含粗脂肪4%～6%，利用价值高。由于大豆含有多种营养抑制因子，因此豆粕作为饲料原料应当是熟的，不能用生豆粕。

除豆粕外，作为鳗鲡饲料植物蛋白源的还有花生粕（饼）、棉仁粕（饼）、菜子粕（饼）、玉米蛋白粉、玉米胚芽粕、啤酒酵母粉和酒糟等。

四、鱼油

鱼油是鳗鲡饲料的重要原料。鱼油不在饲料制作时添加，而是在投饲时和水添到饲料中一起搅拌成面团状投喂。

鱼油富含必需脂肪酸。精制鱼油（彩图74）经过多层过滤和提炼，杂质较少，颜色呈浅黄色且晶莹透明；粗制鱼油（彩图75）杂质较多，颜色深，不透明。鱼油添加量随鳗鲡的大小和水温的高低而增减，一般占干饲料的5%～10%。

五、添加剂

当动物蛋白不足时，蛋氨酸（彩图76）、赖氨酸（彩图77）作为添加剂，可弥补鳗料中必需氨基酸的不足。

六、复合维生素

复合维生素是鳗鲡维持生命和正常生长所需的重要营养物质，在鳗鲡生命活动中起着辅酶和辅基的作用，或作为代谢产物的前体（彩图78）。

七、复合矿物质

复合矿物质是构成机体组织的重要成分，起着维持组织细胞的渗透压、调节体液酸碱平衡的作用，还可作为酶的激活剂，在营养吸收中作为主动转运的载体，激活神经和肌肉的兴奋（彩图79）。

第四节　鳗鲡饲料的品质

在不同生长阶段，鳗鲡的营养需要有所不同，为尽量满足其营养需要，最大限度地发挥它的生产潜力，鳗鲡饲料按不同养殖期可分为白仔饲料、黑仔饲料、幼鳗饲料和成鳗饲料四种。

一、主要营养成分指标

我国鳗鲡饲料行业标准（SC/T 1004—2004）规定，合格的鳗鲡饲料中的营养成分必须达到如表 7 – 2 所示的指标。

表 7 – 2　鳗鱼饲料主要营养成分　　　　　　　　　单位:%

饲料品种	白仔饲料	黑仔饲料	幼鳗饲料	成鳗饲料	检验方法
粗蛋白质	≥50.0	≥47.0	≥45.0	≥43.0	GB/T 6432 饲料中粗蛋白的测定方法
蛋氨酸	≥1.3	≥1.1	≥0.9		GB/T 18246 饲料中氨基酸的测定
粗脂肪	≥3.0				GB/T 6433 饲料中粗脂肪的测定方法
粗纤维	≤2.0				GB/T 6434 饲料中粗纤维的测定方法
水　分	≤10.0				GB/T 6435 饲料中水分的测定方法
粗灰分	≤18.0				GB/T 6438 饲料中粗灰分的测定方法
钙	2.0～5.0				GB/T 6436 饲料中钙的测定
总　磷	≥1.5				GB/T 6437 饲料中总磷的测定方法
食　盐	≤4.0				GB/T 6439—1992 饲料中水溶性氯化物的测定方法

二、产品分类

鳗鲡饲料分为粉状饲料和膨化颗粒状饲料两大类。

1. 粉状饲料

粉状饲料由达到一定粉碎细度的各种饲料原料混合配制而成，呈粉末状。饲养时按比例加水（有时还需加油），充分搅拌，形成具有较强黏结性和弹性的、在水中不易散失的团状（彩图 80）。粉状饲料的喂养对象见表 7 – 3。

表 7 - 3　粉状饲料品种的喂养对象

饲料品种	喂养对象体质量/克
白仔饲料	< 2
黑仔饲料	2 ~ 9.9
幼鳗饲料	10 ~ 50
成鳗饲料	> 50

2. 膨化颗粒状饲料

成型饲料含水量低于13%，沉性，硬性，直径1～8毫米，长度为直径的1～2倍（彩图81）。

膨化颗粒饲料粒径及喂养对象体质量如表7-4所示。

表 7 - 4　膨化颗粒饲料粒径及喂养对象

饲料品种	粒径/毫米	喂养对象体质量/克
幼鳗饲料	1.5 ~ 2.5	10 ~ 50
成鳗饲料	3.0 ~ 4.0	> 50

三、鳗鱼饲料配方

鳗鱼饲料配方依据鳗鱼的营养需求和可提供的原料进行设计。科学、全价的配方，要求营养全面、养殖效果好、成本低。配方设计要按照鳗鱼各生长阶段的营养指标，根据不同原料的营养成分计算各种原料配比（表7-5）。此外，配方设计还要注意如下两点。

表 7 - 5　鳗鱼配合饲料系列配方示例　　　　单位:%

原　料	白仔粉料	黑仔粉料	幼鳗粉料	成鳗粉料	成鳗粒料
α - 淀粉	23.0	23.5	24.0	24.5	0
白鱼粉	63.2	55.0	43.5	32.6	34.1
红鱼粉	0	10.0	20.0	30.0	29.1
谷朊粉	2.5	2.0	2.0	2.0	1.9

续表

原　料	白仔粉料	黑仔粉料	幼鳗粉料	成鳗粉料	成鳗粒料
大豆酶解蛋白	0	1.0	2.0	3.0	2.9
奶粉	2.0	1.0	1.0	0.5	0.5
蛋黄粉	2.0	1.0	1.0	0.5	0.5
酵母粉	2.0	2.5	3.0	3.5	3.4
肝末粉	1.0	1.0	1.0	1.0	1.0
卵磷脂	2.0	1.0	0.5	0.5	0.5
氨基酸	0.5	0.3	0.3	0.3	0.3
复合维生素	0.5	0.4	0.4	0.3	0.3
复合矿物质	1.0	1.0	1.0	1.0	1.0
黏合剂	0.3	0.3	0.3	0.3	0.3
小麦粉	—	—	—	—	24.2

①原料要多样化，有些饲料全部采用白鱼粉，导致饲料中蛋白质过高、纤维素缺乏等营养不均衡，且成本高。

②不同鳗鲡品种的生理特性不同，如欧洲鳗鲡脂肪酶活性强，可多加些氯化胆碱以防止脂肪肝。鳗鲡饲料配方形成后，还需要试验对比并调整。

四、鳗鲡饲料的工艺流程

鳗鲡饲料的生产工艺流程主要包括投配料、一次混合、粉碎、筛分、二次混合、包装及储存等工序。目前，国内生产鳗鲡饲料的生产效率平均在3吨/小时左右，生产工艺流程如图7-1所示。

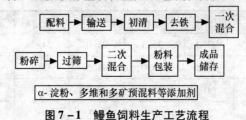

图7-1　鳗鱼饲料生产工艺流程

第五节 鳗鲡饲料的技术要求

合格的鳗鲡饲料从外观上看，色泽往往均匀一致，无发霉、变质、结块等现象，也无寄生虫寄生，有一定细度，具有鱼腥味，无霉变、酸败等异味，并具有好的黏弹性和很低的散失率（彩图82）。

一、产品细度

1. 粉状饲料加工质量指标

粉状饲料加工质量指标见表7-6。

表7-6 粉状饲料加工质量指标　　　　单位:%

饲料品种	白仔饲料	黑仔饲料	幼鳗饲料	成鳗饲料
原料粉碎粒度（筛上物）	≤5.0[a]		≤5.0[b]	
混合均匀度（变异系数 CV）	≤10.0			
黏弹性	加水搅拌后具有良好延展性		加水搅拌后具有良好延展性和黏弹性	
散失率	≤4.0			

a：采用 $\Phi200 \times 50 \sim 0.200/0.140$ 试验筛；
b：采用 $\Phi200 \times 50 \sim 0.250/0.160$ 试验筛。

2. 膨化颗粒状饲料加工质量指标

膨化颗粒状饲料加工质量指标见表7-7。

表7-7 膨化颗粒状饲料加工质量指标　　　　单位:%

饲料品种	幼鳗饲料	成鳗饲料
原料粉碎粒度（筛上物）	≤5.0[b]	
混合均匀度（变异系数 CV）	≤10.0	
浮水率	≥95	

续表

饲料品种	幼鳗饲料	成鳗饲料
散失率	≤10.0	
含粉率	≤1.0	

b：采用 $\Phi200 \times 50 \sim 0.250/0.160$ 试验筛。

图7－2所示为技术人员在进行鳗鲡饲料成品细度检验。

图7－2　鳗鲡饲料成品细度检验

二、黏弹性

取50～100克鳗料，按1∶1.2量加水，充分搅拌并揉成团，伸拉有很强黏性，但不粘手，揉成团块状有一定硬度，置于空气中半小时后用手指压，如仍能恢复原状则说明被测试的鳗料有好的黏弹性，不能伸拉且粘手、在空气中很快变软则说明其黏弹性差（图7－3）。

三、散失率

取鳗料两份各50～100克，每份按1∶1.2量加水搅拌揉成团状。一份作对照，另一份放入静水中的尼龙网上，室温下用水浸泡1小时，然后捞出，放入培养皿中与对照料同时放入烘箱100～150℃烘干至恒重后称重，计算其散失率。

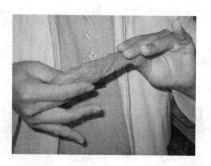

图 7 - 3　鳗鲡饲料成品黏弹性检验

四、理化检验

　　饲料的理化检验一般在实验室中完成。按照我国鳗鲡饲料行业标准（SC/T 1004—2004）规定，测定鳗鲡饲料中的营养成分是否符合标准，卫生安全指标是否符合 NY 5072 的规定，其中挥发性盐基氮、汞、砷、铅、镉、喹诺酮类、磺胺类应符合表 7 - 8 的规定。

表 7 - 8　鳗鲡饲料卫生安全指标

项　目	指　标	检验方法
挥发性盐基氮/（毫克/100 克）	≤70	GB/T 5009.45—2003 水产品卫生标准的分析方法
镉/（毫克/千克）	≤1.0	GB/T 13082 饲料中镉的测定方法
汞/（毫克/千克）	≤0.5	GB/T 13081 饲料中汞的测定方法
铅/（毫克/千克）	≤5.0	GB/T 13080 饲料中铅的测定方法
总砷/（毫克/千克）	≤3.0	GB/T 13079 饲料中总砷的测定方法
喹诺酮类（氧氟沙星、诺氟沙星、环丙沙星、恩诺沙星）	不得检出	DB35/T 546—2004 饲料中氧氟沙星、诺氟沙星、环丙沙星、恩诺沙星的测定
磺胺类（磺胺嘧啶、磺胺间甲氧嘧啶、磺胺二甲嘧啶、磺胺甲氧嗪、磺胺甲噁唑）	不得检出	DB35/T 545—2004 饲料中磺胺类的测定

第六节　鳗鲡饲料的质量判断

正确地评价饲料的营养价值是养鱼饲料科学的重要组成部分，也是配制鱼用饲料必须掌握的基本技能，更有利于养殖者在选用饲料时作参考。直接养殖试测或饲养效果是水产养殖场评定饲料营养价值最实际而有效的方法，养殖效果的评定指标多用饲料系数和饲料效率来表示。

（1）饲料系数　饲料系数表示增加一个单位的鱼肉所需饲料的单位数，即每增长 1 千克鱼肉（通常指鲜重）要用多少千克的饲料。其计算式为：

饲料系数 = 投饲量/鱼体增重 = 饲养期间所投饲料总重/
（出池时鱼总重 − 鱼种的总重）

饲料系数越低，说明饲料营养价值越高。

（2）饲料效率　饲料效率是指饲料对鱼体的增重效率，用以表示饲料被鱼消化吸收后生长增重的利用率。计算式就是饲料系数的倒数，即：

饲料效率 = 鱼体增重/投饲量 × 100% = （1/饲料系数）× 100%

（3）饲料成本　指生产单位重量鱼所需饲料费用。

饲料成本 = 饲料系数 × 饲料价格

（4）饲料产投比　其公式如下。

饲料产投比 = 每千克鱼价/增长 1 千克鱼的饲料成本
= 鱼产品产值/饲料成本

第八章 鳗鲡加工与出口

内容提要： 烤鳗的加工；烤鳗加工工艺流程；烤鳗的安全卫生标准。

　　鳗鲡从"投苗"到"养成"，养殖周期一般为 1~2 年。当鳗鲡长到每条 200 克以上时，就可视为"成鳗"。这时，就可根据市场需求，安排捕捞、加工与销售了。

　　生活常识告诉人们，食品中含钙最高的是虾皮，含碘最高的是海带，含锌最高的是贻贝，含硒最高的食物之一是牡蛎；而鳗鲡则是同时含有这几种元素和丰富的维生素 A、维生素 B_1、维生素 B_2、维生素 E 等，尤其是鳗鲡肉质鲜美、富含 EPA 和 DHA，对人体健康相当有益，堪称最高级水产品之一。

　　世界上消费鳗鲡最多的国家是日本，每年达 10 万多吨，超过世界上其他国家的消费总和。我国出口日本的鳗鲡占我国总产量的 70%~80%，主要以烤鳗为主，部分为活鳗或冻鳗。以下介绍其加工出口过程与要求。

第一节　烤鳗的加工

一、烤鳗加工厂的主要设备

　　烤鳗系指以淡水养殖鳗鲡为原料，经剖杀去除内脏、骨头，修整加以处理后烧烤而成的熟制品。烤鳗加工厂最主要的设备就是烤鳗生产线，配套的还有锅炉、片冰机、制冷系统、供气（液化气）及污水处理系统，有的还配备有可全方位控制人员卫生的洁净风淋系统、活鳗选别机等（图8-1）。

二、原料鳗选购

烤鳗的原料必须是活鳗。加工出口冷冻烤鳗的活鳗，必须来自于经出入境检验检疫局登记注册备案的养鳗场，其农兽药残和重金属等的含量必须符合国家及进口国的标准要求。

图8-1　烤鳗生产线

供应原料鳗的养鳗场确定以后，烤鳗加工厂根据鳗场名称、池号、抽样数量和日期等制订详细的抽样计划，采用随机抽样法进行抽样。进行异味检验、药残检验。异味检验一般包括检验原料鳗有无臭土味或苦、涩、腥、酸等异味；药残检验则按照有关规定进行。

抽样检测合格后，烤鳗加工厂根据原料鳗送检情况及公司生产情况制订出池计划通知。养鳗场在收到通知后，应及时对相应池号的鳗鱼进行停食管理，根据烤鳗厂的要求进行规格分选，把不同规格的鳗鲡放入不同的暂养池进行吊水处理。

原料鳗出池并称量后，就可以进行包装运输了（图8-2）。活鳗的运输方法有塑料袋充氧运输和水箱淋水运输两种，前一种适于长距离运输，后一种适于短距离运输。塑料袋充氧运输的具体流程为：原料出池→称重→装袋→加冰→加氧→袋口包扎→装箱→装车→活鳗运输。用来装鳗的塑料袋规格为40厘米×60厘米，每袋可装活鳗10~20千克，加冰块2千克和10℃的水5千克；夏天高温季节，装袋需要采用"三级降温法"，将水温逐步降到10℃左右，这时鳗鲡已能适应低温环境，即可装袋、充氧、运输。水箱淋水运输一般每吨水体可装活鳗200~300千克左右，一般一辆5吨位运输车分成4~5格水箱，可装鳗鲡2~3吨（图8-3）。

图8-2　鳗鲡称重包装

图8-3　鳗鲡装车运输

三、原料鳗的质量要求

1. 原料鳗的感官要求

原料鳗的感官要求指标见表8-1。

表8-1　原料鳗的感官要求指标

项　目		指　标
外　观	形　态	身体细长，体态匀称；鱼体健康，游动活泼；不得有烂鳍、烂鳃、体表红肿发溃、斑纹赤点等病鳗症状；不得有畸形鳗现象
	色　泽	背部呈深青灰色或银灰色，腹部近白色，腹背黑白分明，具有鳗鲡固有的光泽；体表有黏液
滋味及气味		气味正常，无臭土味、青苔味、油味等异味存在
杂　质		胃内不得有饵料残留
品　种		不同品种的原料鳗（日本鳗、欧洲鳗、美洲鳗）不得混淆
寄生虫		不得检出寄生虫
烧烤试验		经烧烤试验后，无老鳗形态

141

2. 原料鳗中的重金属指标

原料鳗中的重金属指标见表 8 – 2。

表 8 – 2　原料鳗中的重金属指标

项　目	指　标	检测方法
汞（以 Hg 计）/（毫克·千克$^{-1}$）	≤0.3	GB 5009.17 食品中总汞及有机汞的测定

3. 原料鳗中的药物残留限量

原料鳗中的药物残留限量见表 8 – 3。

表 8 – 3　原料鳗中的药物残留限量

药物名称	最高残留限量	检测方法
氨基糖苷类	阴性	鳗鲕中抗生素类药物残留检验方法、微生物抑制法
四环素类	阴性	
大环内酯类	阴性	
青霉素类	阴性	
氯霉素	阴性	
磺胺甲基嘧啶/（毫克·千克$^{-1}$）	≤0.015	鳗鲕中残留合成抗菌剂混合分析检测法
磺胺二甲基嘧啶/（毫克·千克$^{-1}$）	≤0.01	
磺胺 – 6 – 甲氧嘧啶/（毫克·千克$^{-1}$）	≤0.02	
磺胺二甲氧嘧啶/（毫克·千克$^{-1}$）	≤0.03	
磺胺喹恶啉/（毫克·千克$^{-1}$）	≤0.04	
呋喃唑酮	不得检出	
乙胺嘧啶/（毫克·千克$^{-1}$）	≤0.03	
恶喹酸/（毫克·千克$^{-1}$）	≤0.02	

药物名称	最高残留限量	检测方法
恩诺沙星	不得检出	鳗鲡中恩诺沙星、环丙沙星、诺氟沙星、氧氟沙星残留检测方法
环丙沙星	不得检出	
诺氟沙星	不得检出	高效液相色谱—荧光检测法
氧氟沙星	不得检出	
孔雀石绿	不得检出	SC/T 3021—2004 水产品中孔雀石绿残留量的检测（液相色谱法）
敌百虫	不得检出	SN 0125－92 出口肉及肉制品中敌百虫残留量的检测方法

第二节　烤鳗加工工艺流程

烤鳗是指将鳗鲡半成品用专用的机器设备对其皮面及肉面进行恒烤、蒸煮等处理，使鳗鲡从半成品到成品转变的全过程。烧烤分为未加入调味酱油进行烧烤的白烧和加入调味酱油进行烧烤的蒲烧。烤鳗加工工艺的流程如图 8－4 所示。

下面对烤鳗加工过程分步骤详细介绍。

1. 原料验收

按照体质量的不同，原料鳗按体质量可分为如表 8－4 所示的几种规格。

表 8－4　鳗鱼的不同规格与质量关系

规　格	2P	2.5P	3P	4P	5P	6P	7P
体质量/克	444～666	364～444	286～364	222～286	182～222	154～182	133～154

采购的鳗鱼运输回来后，要对进货活鳗的体质量、规格等项目

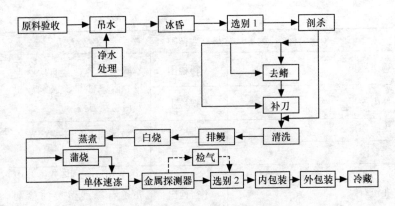

图8-4 烤鳗加工工艺流程图示

进行验收、抽样检验。合格的商品鳗农兽药残留量必须符合所有烤鳗进口国对农兽药残留的标准要求，鳗鱼活力良好，试杀时无泥土味及其他异味。

2. 吊水暂养

鳗鱼经验收合格后，按规定分别送进暂养池，用清洁、卫生的水吊养24小时以上，吊水时必须随时剔除死鳗、弱鳗、畸形鳗，并防止水质恶化（图8-5）。

3. 冰昏

对原料进行冰浸。冰鳗使用清洁水，起鳗时按规格放入容器内，同时加冰降温减弱其活力，保证鳗鱼的冰昏程度，以便于剖杀（图8-6）。

图8-5 鳗鲡吊水暂养

图8-6 鳗鲡冰昏

4. 选别

按每日加工要求进行体质量选别，剔除死鳗、畸形鳗等。

5. 剖杀

剖杀品种分为有头腹开、有头背开、无头背开、无头腹开四种。剖杀时，用不锈钢针将鳗鱼头部固定在木板上，按不同的剖杀工艺要求用利刀剖背（或剖腹）、去骨、去内脏、去头（或不去头）。剖杀要及时，从冰昏到剖杀的时间应不超过 1 小时。要求剖面光滑平整，裂开深度适当，头部切口平整，且位置适当，各鳍无明显刀痕，剔骨、去内脏干净，鱼体及尾部无破裂、裂开（图 8 - 7）。

6. 清洗

剖杀后的鳗鱼按不同规格、品质分别清洗。清洗时间一般为 2 ~ 5 分钟，要求洗净鳗肉体中的血污。也可在剖杀时以流水冲洗（图 8 - 8）。

图 8 - 7　鳗鲡剖杀　　　　　**图 8 - 8　鳗鲡清洗**

7. 白烧

白烧前，自动生产线应以 82℃ 以上热水冲洗干净，酱油槽和夹层锅应加清水煮沸 5 分钟以上，夹子等直接接触烤鳗的用具须在沸水中煮沸 5 分钟以上。

（1）排鳗　将鳗鲡背向上排放，鱼体与鱼体之间不重叠，条挨条、不间断（图 8 - 9）。

（2）白烧　①皮面烧烤。烧烤后皮面要求焦斑均匀，焦泡细且均匀。白烧出口夹除头部鳍，注意摘鳍要轻，不伤肉体翻身。

图 8-9 排鳗

②肉面烧烤。根据烤鳗产品的不同，肉面的烧烤要求也有所不同。其中，白烧产品烧烤后肉面呈乳白色；蒲烧产品烧烤后肉面呈乳黄色，鱼体面层有小气泡。肉面烧烤出口夹除内脏残留及鳃，并用水喷洗肉面去净杂质。

整个白烧过程中，要求串鳗、串内脏竹签完好，无烤黑现象（图 8-10）。

a. 皮面烧烤　　　　　　　　b. 肉面烧烤

图 8-10 白烧

8. 蒸煮

根据鱼体规格的大小、鳗鱼的新老，调整蒸煮温度和时间，规格大或老的鳗应适当延长蒸煮时间；反之，规格小或新鳗可适当缩短蒸煮时间，达到肉熟皮烂即可。

9. 蒲烧

与白烧产品不同，蒲烧产品还要经过蒲烧工序。鳗鲡的蒲烧一般分为 4 个阶段进行。从蒸煮机出来的鳗鲡在转角处由专人负责重新调整因机械运转而引起的紊乱、重叠现象，除去所剩杂物，使鳗鲡有序地进入第一槽酱油。经过第一槽酱油后鱼体进入第一烤，要求鱼体表面、尾部呈现均匀小气泡，并稍带焦迹；接着鱼体进入第二槽酱油和第二烤，第二烤是使酱油渗透鱼体，并对第一烤进行补充；第三槽和第三烤也是对前面两烤的补充。经过前面这三烤后的鳗鱼体都要在浸过酱油后吹干。经过第四槽酱油和第四烤后，鳗鲡鱼体柔软，色泽呈均匀深黄色，配料渗透深，鱼体烤制全面，有油质光泽感，常温下色泽不易散失（图8-11）。

（1）蒲烧烤鳗配料要求　烤鳗专用酱油必须在保质期内。此外，在生产中，习惯用糖度（brix）来表示酱油的浓度，指的是用糖度计测定酱油中可溶性固形物。酱油的温度、"糖度"直接影响对鱼体的渗透、油光度和黏着度。因此，不同蒲烧阶段对酱油的温度及"糖度"要求不同，一般随着蒲烧生产的进行，酱油的"糖度"也随之逐渐增加。蒲烧时，每15分钟就要检查一次酱油的"糖度"，30分钟做一次记录。

（2）蒲烧要求　当待烤的鳗鲡进入蒸煮机时开始点火，蒲烧火力以烤干酱油且肉面无焦黑斑点为度，鳗鲡经第四槽酱油后不再烧烤。

10. 单体速冻

烧烤后的产品经预冷后送入速冻间速冻。产品进入速冻前，应先将速冻间的温度降至一定温度，使鱼体能迅速冻结，产品中心温度应降到 - 18℃以下才能出库，速冻时间一般为30分钟左右。

11. 选别、包装

烤鳗经速冻后按等级、规格、剖杀种类分别进行称重、包装，同一盒的产品要求色泽、形态基本一致，特别是同一盒表层色泽、形态要求基本一致，白烧色泽呈乳白色，蒲烧色泽呈浅黄色或棕黄色。包装时，烤鳗要按顺序排列，内衬塑料薄膜，箱口接缝处用胶带纸封口，箱外标明等级、规格、生产日期等。包装应及时迅速，以防止烤鳗回温，包装间温度应控制在10℃以下（图8-12）。

图 8-11　蒲烧　　　　　　　图 8-12　产品选别、包装

12. 冷冻烤鳗

冷冻烤鳗指烤鳗经过急速冻结，使中心品温达 -18℃ 以下，并妥善包装后放入 -20℃ 以下低温储运的单体冻结制品。

（1）IQF 冻结　IQF 是螺旋式单体急速冻结装置的英文简写，指用密封隔热性能较好的螺旋式单体急速冻结装置，借助制冷机设备和循环风机对鳗鱼个体用最短的时间把其中心温度冻结在 -18℃ 以下的一个工艺。冻结前，应调整 IQF 室内温度低于 -33℃。冻结时间应控制在 40～70 分钟，中心温度 -18℃ 以下；大规格鳗鲡可适当延长冻结时间，以提高冻结品质。

（2）冷藏　冷藏前必须装箱包装，包装好的冷冻烤鳗应立即送冷藏库储存，库温保持在 -20℃ 以下。冻藏的烤鳗可随时出库销售（图 8-13）。

图 8-13　冷藏

第三节　烤鳗的安全卫生标准

1. 冻烤鳗的感官要求

冻烤鳗的感官要求见表8-5。

表8-5　冻烤鳗的感官要求

项　目		要　求
外　观	色　泽	原味烤鳗呈黄色或淡黄色；调味烤鳗呈黄色、棕黄色或褐色，有光泽感
	组织形态	鱼片平整匀称，无破损，无软化解冻现象；体表完整，边缘无异常卷起；恒烤焦斑均匀
滋味及气味		具有烤鳗特有的气味，滋味鲜美、淳厚；调味烤鳗咸甜适度、口感好；无泥土味、油脂及蛋白变质等异味
杂　质		无内脏遗留物及外来杂质

2. 微生物指标控制标准

①细菌总数、大肠菌群等符合国家及进口国标准要求。

②致病菌：不得检出。

3. 冻烤鳗的安全指标

农兽药残留必须符合国家及进口国标准要求。

4. 冻品中心温度

冻品中心温度不得高于-18℃。

5. 标志、包装、运输和储存

销售包装的标签必须符合 GB 7718—2004 食品标签通用标准的规定：每批产品应标注产品名称、规格、生产单位、出场日期。内包装用食品塑料薄膜、塑料膜外加纸盒包装、塑料薄膜及包装用纸应无异味；外包装用瓦楞纸箱。内外包装紧密、完整、清洁、牢固、不破裂。运输采用专用冷藏车，车厢内应清洁卫生，温度保持在 −18℃以下。装卸应轻拿轻放和快捷，不得与有污染的物品混装，不得日晒雨淋。产品应储存在清洁的冷库内，库温保持在 −18℃以下，有防水、防霉、防鼠、防虫害等措施，不得与有异味、有污染的物品一起堆放。在符合上述规定的储存条件和包装完整、未经启封的情况下，产品的保质期为 2 年。

附 录

附录1 鳗鲡

1. 感官要求见附表 1 – 1。

附表 1 – 1 活鳗鲡的感官要求

项 目		指 标
外观	形 态	蛇形，前部近圆筒状，尾部稍扁，体态匀称，无畸形；鱼体健康，游动活泼，无损伤；不得有病鳗症状
	色 泽	背部呈深青灰色或银灰色，腹部近白色，腹背黑白分明，具有鳗鲡固有的光泽；体表有黏液
滋（气）味		肉质鲜美，气味正常，无土腥味、青苔味、油味等异味存在

2. 药物残留限量见附表 1 – 2。

附表 1 – 2 活鳗鲡中的药物残留限量

项 目	指 标
抗生素	阴 性
土霉素/（毫克·千克$^{-1}$）	≤ 0.1
氯霉素	不得检出
磺胺甲基嘧啶/（毫克·千克$^{-1}$）	≤0.02
磺胺二甲嘧啶/（毫克·千克$^{-1}$）	≤0.01
磺胺 – 6 – 甲氧嘧啶/（毫克·千克$^{-1}$）	≤0.03
磺胺二甲氧嘧啶/（毫克·千克$^{-1}$）	≤0.04
磺胺喹噁啉/（毫克·千克$^{-1}$）	≤0.05
噁喹酸/（毫克·千克$^{-1}$）	≤0.05

续表

项　目	指　标
乙胺嘧啶/（毫克·千克$^{-1}$）	≤0.05
别拉松/（毫克·千克$^{-1}$）	≤0.1
尼卡巴嗪/（毫克·千克$^{-1}$）	≤0.02
呋喃唑酮	不得检出
恩诺沙星	不得检出
环丙沙星	不得检出
氧氟沙星	不得检出
诺氟沙星	不得检出

3. 重金属指标见附表 1 - 3。

附表 1 - 3　活鳗鲡产品中的重金属指标

项　目	指　标
汞（以 Hg 计）/（毫克·千克$^{-1}$）	≤0.4
甲基汞（以 Hg 计）/（毫克·千克$^{-1}$）	≤0.3
镉（以 Cd 计）/（毫克·千克$^{-1}$）	≤0.1

4. 微生物指标见附表 1 - 4。

附表 1 - 4　活鳗鲡的微生物指标

名　称	指　标
沙门氏菌	不得检出
金黄色葡萄球菌	不得检出
单核细胞增生李斯特菌	不得检出
副溶血性弧菌	不得检出

附录 2 鳗鲡鱼苗、鱼种质量

1. 各种鳗苗的特征和鉴别方法见附表 2 - 1。

附表 2 - 1 鳗苗种类鉴别

项　目	品　种		
	日本鳗鲡	欧洲鳗鲡	美洲鳗鲡
外部形态特征	体较圆;尾柄上无黑色素细胞;眼小,吻尖而长;躯干长为全长的26.9%	体浑圆;个体是日本鳗鲡的2倍多;尾柄上有星状黑色素细胞,沿脊椎骨有一条稍红线连通尾部;眼大吻短;躯干长为全长的30.1%~30.2%;肛门至背鳍前端基部的距离为全长的11.2%	体型较短小,与日本鳗鲡极相似;眼较小且略显突出;躯干长为全长的30.1%~30.2%;肛门至背鳍前端基部的距离为全长的9.1%
每千克尾数	5 500~7 000	2 500~3 500	5 000~6 500
体质量范围/克	0.14~0.18	0.29~0.40	0.15~0.20
平均尾重/克	0.15	0.33	0.16
脊椎骨数	111~119(以117~118为主)	110~116(以112为主)	105~109(以106为主)
药物鉴别方法	丁烯磷溶液(0.46毫克/升)浸浴,1小时内不死	丁烯磷溶液(0.46毫克/升)浸浴,1小时内死亡	丁烯磷溶液(0.46毫克/升)浸浴,1小时内死亡

附录3 鳗鲡养殖产地环境要求

1. 理化指标应符合附表3-1的要求。

附表3-1 鳗鲡养殖水质要求

项　目	指　标
色、臭、味	养殖水体不得带有异色、异臭、异味
pH 值	6.5~8.5
溶解氧/（毫克·升$^{-1}$）	5~11
铵态氮/（毫克·升$^{-1}$）	0~2
硫化物/（毫克·升$^{-1}$）	≤0.1
化学耗氧量（COD）/（毫克·升$^{-1}$）	10~15
总大肠杆菌/（个·升$^{-1}$）	≤5 000
汞/（毫克·升$^{-1}$）	≤0.000 5
镉/（毫克·升$^{-1}$）	≤0.005
铅/（毫克·升$^{-1}$）	≤0.05
铬/（毫克·升$^{-1}$）	≤0.1
铜/（毫克·升$^{-1}$）	≤0.01
锌/（毫克·升$^{-1}$）	≤0.1
砷/（毫克·升$^{-1}$）	≤0.05
甲基对硫磷/（毫克·升$^{-1}$）	≤0.000 5
马拉硫磷/（毫克·升$^{-1}$）	≤0.005

2. 鳗鲡养殖池底质中有害有毒物质最高限量应符合附表 3 – 2 的规定。

附表 3 – 2　鳗鲡养殖底质要求

项　目	指　标
汞/（毫克·千克$^{-1}$）	≤0.2
镉/（毫克·千克$^{-1}$）	≤0.5
铜/（毫克·千克$^{-1}$）	≤30
锌/（毫克·千克$^{-1}$）	≤150
铅/（毫克·千克$^{-1}$）	≤50
铬/（毫克·千克$^{-1}$）	≤50
砷/（毫克·千克$^{-1}$）	≤20

附录4　鳗鲡养殖技术规范

1. 放养密度见附表4-1。

附表4-1　不同规格鳗种放养密度

规格/ (尾·千克⁻¹)	密　度			
	欧洲鳗鲡（或美洲鳗鲡）		日本鳗鲡	
	(尾·米⁻²)	(千克·米⁻²)	(尾·米⁻²)	(千克·米⁻²)
500~800			400~500	0.7~0.8
300~500	250~300	0.5~1.0	350~400	0.8~1.1
150~300	200~250	0.8~1.5	200~250	0.8~1.4
50~150	180~200	1.2~2.5	140~200	1.4~2.0

2. 欧洲鳗鲡的投饲率见附表4-2（日本鳗鲡的略高）。

附表4-2　不同规格鳗种的投饲率

规格/ (尾·千克⁻¹)	饲料种类	投饲率/%
500~800	鳗苗料、鳗种料	6~8
300~500	鳗种料	5~7
100~300	鳗种料	4~6
50~100	食用鳗料	3~5

3. 鳗种投放密度应按附表4-3进行。

附表4-3　不同规格鳗鲡的放养密度

规格/（尾·千克⁻¹）		50~30	30~10	<10
放养密度/ (尾·米⁻²)	水源充足	100~85	85~50	50~25
	水源一般	85~65	65~40	40~20

附录5 无公害食品 欧洲鳗鲡精养池塘养殖技术规范

1. 精养池塘要求见附表 5 - 1。

附表 5 - 1 精养池塘要求

池塘类别	面积/米²	水深/米	底质要求
鳗苗池	60 ~ 100	1.0 ~ 1.1	水泥底、三合土底
鳗种池	120 ~ 200	1.1 ~ 1.2	水泥底、三合土底
成鳗池	200 ~ 400	1.2 ~ 1.5	水泥底、三合土底、沙石底

2. 放养规格及密度见附表 5 - 2。

附表 5 - 2 不同规格鳗种放养密度

规格/ (尾·千克⁻¹)	数量/ (尾·米⁻²)		重量/ (千克·米⁻²)	
	水泥底	三合土底	水泥底	三合土底
300 ~ 500	200 ~ 250	250 ~ 300	0.5 ~ 0.7	0.6 ~ 0.8
150 ~ 300	150 ~ 200	200 ~ 250	0.7 ~ 1.0	0.8 ~ 1.3
30 ~ 150	100 ~ 150	150 ~ 200	1.0 ~ 2.0	1.3 ~ 3.0

3. 不同规格鳗种日投饲率见附表 5 - 3。

附表 5 - 3 不同规格鳗种日投饲率

规格/ (尾·千克⁻¹)	投饲率/%
300 ~ 500	5 ~ 7
150 ~ 300	4 ~ 5
30 ~ 150	3 ~ 4

4. 鳗种放养规格及密度见附表 5 - 4。

附表 5 - 4　不同规格鳗种放养密度

规格/（尾·千克$^{-1}$）		50 ~ 30	30 ~ 10	< 10
放养密度/（尾·米$^{-2}$）	水源充足	80 ~ 60	60 ~ 40	40 ~ 30
	水源一般	60 ~ 40	40 ~ 30	30 ~ 20

附录6 渔用药物使用和禁用渔药

附表6-1 渔用药物使用方法

渔药名称	用途	用法与用量	休药期/天	注意事项
氧化钙（生石灰）	用于改善池塘环境，清除敌害生物及预防部分细菌性鱼病	带水清塘：200毫克/升~250毫克/升（虾类：350毫克/升~400毫克/升）全池泼洒：20毫克/升~25毫克/升（虾类：15毫克/升~30毫克/升）		不能与漂白粉、有机氯、重金属盐、有机络合物混用
漂白粉	用于清塘、改善池塘环境及细菌性皮肤病、烂鳃病、出血病	带水清塘：20毫克/升全池泼洒：1.0毫克/升~1.5毫克/升	≥5	①勿用金属容器盛装；②勿与酸、铵盐、生石灰混用
二氯异氰尿酸钠	用于清塘及防治细菌性皮肤溃疡病、烂鳃病、出血病	全池泼洒：0.3毫克/升~0.6毫克/升	≥10	勿用金属容器盛装
三氯异氰尿酸	用于清塘及防治细菌性皮肤溃疡病、烂鳃病、出血病	全池泼洒：0.2毫克/升~0.5毫克/升	≥10	①勿用金属容器盛装；②针对不同的鱼类和水体的pH值，使用量应适当增减

渔药名称	用途	用法与用量	休药期/天	注意事项
二氧化氯	用于防治细菌性皮肤病、烂鳃病、出血病	浸浴:20 毫克/升~40 毫克/升,5 分钟~10 分钟 全池泼洒:0.1 毫克/升~0.2 毫克/升,严重时 0.3 毫克/升~0.6 毫克/升	≥10	①勿用金属容器盛装;②勿与其他消毒剂混用
二溴海因	用于防治细菌性和病毒性疾病	全池泼洒:0.2 毫克/升~0.3 毫克/升		
氯化钠(食盐)	用于防治细菌性、真菌性寄生虫疾病	浸浴:1%~3%,5 分钟~20 分钟		
硫酸铜(蓝矾、胆矾、石胆)	用于治疗纤毛虫、鞭毛虫等寄生性虫病	浸浴:8 毫克/升(海水鱼类:8 毫克/升~10 毫克/升),15 分钟~30 分钟 全池泼洒:0.5 毫克/升~0.7 毫克/升(海水鱼类:0.7 毫克/升~1.0 毫克/升)		①常与硫酸亚铁合用;②广东鲂慎用;③勿用金属容器盛装;④使用后注意池塘增氧;⑤不宜用于治疗小瓜虫病
硫酸亚铁(硫酸低铁、绿矾、青矾)	用于治疗纤毛虫、鞭毛虫等寄生性虫病	全池泼洒:0.2 毫克/升(与硫酸铜合用)		①治疗寄生性原虫时需与硫酸铜合用;②乌鳢慎用
高锰酸钾(锰酸低铁、绿矾、青矾)	用于杀灭锚头鳋	浸浴:10 毫克/升~20 毫克/升,15 分钟~30 分钟 全池泼洒:4 毫克/升~7 毫克/升		①水中有机物含量高时药效降低;②不宜在强烈阳光下使用

渔药 名称	用途	用法与用量	休药期/ 天	注意事项
四烷基季铵盐络合（季铵盐含量为50%）	对病毒、细菌、纤毛虫、藻类有杀灭作用	全池泼洒：0.3 毫克/升（虾类相同）		①勿与碱性物质同时使用；②勿与阴性离子表面活性剂混用；③使用后注意池塘增氧；④勿用金属容器盛装
大蒜	用于防治细菌性肠炎病	拌饵投喂：10 克/千克体重～30 克/千克体重，连用4 天～6 天（海水鱼类相同）		
大蒜素粉	用于防治细菌性肠炎病	0.2 克/千克体重，连用4 天～6 天（海水鱼类相同）		
大黄	用于防治细菌性肠炎病、烂鳃病	全池泼洒：2.5 毫克/升～4.0 毫克/升（海水鱼类相同） 拌饵投喂：5 克/千克体重～10 克/千克体重，连用4 天～6 天（海水鱼类相同）		投喂时常与黄芩、黄柏合用（三者比例为5∶2∶3）
黄芩	用于防治细菌性肠炎病、烂鳃病、赤皮病、出血病	拌饵投喂：2 克/千克体重～4 克/千克体重，连用4 天～6 天（海水鱼类相同）		投喂时需与大黄、黄柏合用（三者比例为2∶5∶3）
黄柏	用于防治细菌性肠炎病、出血病	拌饵投喂：3 克/千克体重～6 克/千克体重，连用4 天～6 天（海水鱼类相同）		投喂时需与大黄、黄芩合用（三者比例为3∶5∶2）

附录

渔药名称	用途	用法与用量	休药期/天	注意事项
五倍子	用于防治细菌性烂鳃病、赤皮病、白皮病、疖疮病	全池泼洒：2 毫克/升 ~ 4 毫克/升（海水鱼类相同）		
穿心莲	用于防治细菌性肠炎病、烂鳃病、赤皮病	全池泼洒：15 毫克/升 ~ 20 毫克/升 拌饵投喂：10 克/千克体重 ~ 20 克/千克体重，连用 4 天 ~ 6 天		
苦参	用于防治细菌性肠炎病、竖鳞病	全池泼洒：1.0 毫克/升 ~ 1.5 毫克/升 拌饵投喂：1 克/千克体重 ~ 2 克/千克体重，连用 4 天 ~ 6 天		
土霉素	用于治疗肠炎病、弧菌病	拌饵投喂：50 毫克/千克体重 ~ 80 毫克/千克体重，连用 4 天 ~ 6 天（海水鱼类相同，虾类：50 毫克/千克体重 ~ 80 毫克/千克体重，连用 5 天 ~ 10 天）	≥30（鳗鲡） ≥21（鲇鱼）	勿与铝、镁离子及卤素、碳酸氢钠、凝胶合用
噁喹酸	用于治疗细菌性肠炎病、赤鳍病，香鱼、对虾弧菌病，鲈鱼结节病，鲱鱼疖疮病	拌饵投喂：10 毫克/千克体重 ~ 30 毫克/千克体重，连用 5 天 ~ 7 天（海水鱼类：1 毫克/千克体重 ~ 20 毫克/千克体重；对虾：6 毫克/千克体重 ~ 60 毫克/千克体重，连用 5 天）	≥25（鳗鲡） ≥21（鲤鱼、鲇鱼） ≥16（其他鱼类）	用药量视不同的疾病有所增减
磺胺嘧啶（磺胺哒嗪）	用于治疗鲤科鱼类的赤皮病、肠炎病，海水鱼链球菌病	拌饵投喂：100 毫克/千克体重，连用 5 天（海水鱼类相同）		①与甲氧苄氨嘧啶（TMP）同用，可产生增效作用；②第一天药量加倍

渔药名称	用途	用法与用量	休药期/天	注意事项
磺胺甲噁唑（新诺明、新明磺）	用于治疗鲤科鱼类的肠炎病	拌饵投喂：100 毫克/千克体重，连用 5 天~7 天	≥30	①不能与酸性药物同用；②与甲氧苄氨嘧啶（TMP）同用，可产生增效作用；③第一天药量加倍
磺胺间甲氧嘧啶（制菌磺、磺胺－6－甲氧嘧啶）	用于治疗鲤科鱼类的竖鳞病、赤皮病及弧菌病	拌饵投喂：50 毫克/千克体重~100 毫克/千克体重，连用 4 天~6 天	≥37（鳗鲡）	①与甲氧苄氨嘧啶（TMP）同用，可产生增效作用；②第一天药量加倍
氟苯尼考	用于治疗鳗鲡爱德华氏病、赤鳍病	拌饵投喂：10 毫克/千克体重，连用 4 天~6 天	≥7（鳗鲡）	
聚维酮碘（聚乙烯吡咯烷酮碘、皮维碘、PVP－1、伏碘）（有效碘 1%）	用于防治细菌性烂鳃病、弧菌病，鳗鲡红头病，并可用于预防病毒病，如草鱼出血病、传染性胰腺坏死病、传染性造血组织坏死病、病毒性出血败血症	全池泼洒：海、淡水幼鱼、幼虾：0.2 毫克/升~0.5 毫克/升；海、淡水成鱼、成虾：1 毫克/升~2 毫克/升；鳗鲡：2 毫克/升~4 毫克/升 浸浴：草鱼种：30 毫克/升，15 分钟~20 分钟；鱼卵：30 毫克/升~50 毫克/升（海水鱼卵：25 毫克/升~30 毫克/升），5 分钟~15 分钟		①勿与金属物品接触；②勿与季铵盐类消毒剂直接混合使用

注：①用法与用量栏未标明海水鱼类与虾类的均适用于淡水鱼类；②休药期为强制性。

资料来源：中华人民共和国农业行业标准 NY 5071—2002。

附录

附表 6 - 2　禁用渔药

药物名称	化学名称（组成）	别名
地虫硫磷 fonofos	O - 乙基 - S 苯基二硫代磷酸乙酯	大风雷
六六六 BHC（HCH）benzem，bexachloriddge	1,2,3,4,5,6 - 六氯环己烷	
林丹 lindance，gamma-BHC，8amma-HCH	γ - 1,2,3,4,5,6 - 六氯环己烷	丙体六六六
毒杀芬 camphfchlor（ISO）	八氯莰烯	氯化莰烯
滴滴涕 DDT	2,2 - 双(对氯苯基) - 1,1,1 - 三氯乙烷	
甘汞 calomel	二氯化汞	
硝酸亚汞 metrcurous nitrate	硝酸亚汞	
醋酸汞 mercuric aceteate	醋酸汞	
呋喃丹 carbouran	2,3 - 氢 - 2,2 - 二甲基 - 7 - 苯并呋喃 - 甲基氨基甲酸酯	克百威、大扶农
杀虫脒 chlordimeform	N - (2 - 甲基 - 4 - 氯苯基)N'，N' - 二甲基甲脒盐酸盐	
双甲脒 anitraz	1,5 - 双 - (2,4 - 二甲基苯基) - 3 - 甲基1,3,5 - 三氮戊二烯 - 1,4	克死螨
氟氯氰菊酯 cyfluthrin	α - 氰基 - 3 - 苯氧基 - 4 - 氟苄基(1R,3R) - 3 - (2,2 - 二氯乙烯基) - 2,2 - 二甲基环丙烷羧酸酯	百树菊酯、百树得
氟氰戊菊酯 flucythrinate	(R,S) - α - 氰基 - 3 - 苯氧苄基 - (R,S) - 2 - (4 - 二氟甲氧基) - 3 - 甲基丁酸酯	保好江乌、氟氰菊酯
五氯酚钠 PCP-Na	五氯酚钠	
孔雀石绿 malachite green	$C_{23}H_{25}ClN_2$	碱性绿、盐氟块氯、孔雀绿

药物名称	化学名称（组成）	别名
锥虫胂胺 tryparsamide		
酒石酸锑钾 anitmonyl potassium tartrate	酒石酸锑钾	
磺胺噻唑 sulfathiazolum ST, norsultazo	2 –（对氨基苯碘酰胺）– 噻唑	消治龙
碘胺脒 furacillinum, niturpirinol	N₁ – 脒基磺胺	磺胺胍
呋喃西林 furacillium, niturpirinol	5 – 硝基呋喃醛缩氯基脲	呋喃新
呋喃唑酮 furanace, nitrofurazone	3 –（5 – 硝基糠叉胺基）– 2 – 噁唑烷酮	痢特灵
呋喃那斯 Furanace, nitrofurazone	6 – 羟甲基 – 2 –（ –5 – 硝基 – 2 – 呋喃烷酮）	p –7138（实验名）
氯霉素（包括其盐、酯及制剂）chloramphennicol	由委内瑞拉链霉素生产或合成法制成	
红霉素 erythromycin	属微生物合成，是红霉素链球菌 *Streptomyces erythreus* 产生的抗生素	
杆菌肽锌 zinc bacitracin premin	由枯草杆菌 *Bacillus subtilis* 或 *B. leicheniformis* 所产生的抗生素，为一含有噻唑环的多肽化合物	枯草菌肽
泰乐菌素 tylosin	*S. fradiae* 所生产的抗生素	
环丙沙星 ciprofloxacin	为合成的第三代喹诺酮类抗菌药，常用盐酸盐水合物	环丙氟哌酸
阿伏帕星 avoparcin		阿伏霉素
喹乙醇 olaquindox	喹乙醇	喹酰胺醇羟乙喹氧
速达肥 fenbendazole	5 – 苯硫基 – 2 – 苯并咪唑	苯硫哒唑氨甲基甲酯

药物名称	化学名称（组成）	别名
己烯雌酚（包括雌二醇等其他类似合成等雌性激素）diethylstilbestrol，stilbestrol	人工合成的非甾体雌激素	乙烯雌酚、人造求偶素
甲基睾丸酮（包括丙酸睾丸酮、去氢甲睾丸酮以及同化物等雄性激素）methyltestoserone，metandren	睾丸素 C_{17} 的甲基衍生物	

资料来源：中华人民共和国农业行业标准 NY 5071—2002。

海洋出版社水产养殖类图书目录

书　名	作　者
水产养殖新技术推广指导用书	
黄鳝、泥鳅高效生态养殖新技术	马达文 主编
翘嘴鲌高效生态养殖新技术	马达文 王卫民 主编
斑点叉尾鮰高效生态养殖新技术	马达文 主编
鳗鲡高效生态养殖新技术	王奇欣 主编
淡水珍珠高效生态养殖新技术	李家乐 李应森 主编
鲟鱼高效生态养殖新技术	杨德国 主编
乌鳢高效生态养殖新技术	肖光明 主编
河蟹高效生态养殖新技术	周　刚 主编
青虾高效生态养殖新技术	龚培培 邹宏海 主编
淡水小龙虾高效生态养殖新技术	唐建清 周凤健 主编
海水蟹类高效生态养殖新技术	归从时 主编
南美白对虾高效生态养殖新技术	李卓佳 主编
日本对虾高效生态养殖新技术	翁　雄 宋盛宪 何建国 等 编著
扇贝高效生态养殖新技术	杨爱国 王春生 林建国 编著
小水体养殖	赵　刚 周　剑 林　珏 主编
水生动物疾病与安全用药手册	李　清 编著
全国水产养殖主推技术	钱银龙 主编
全国水产养殖主推品种	钱银龙 主编
水产养殖系列丛书	
黄鳝养殖致富新技术与实例	王太新 著
泥鳅养殖致富新技术与实例	王太新 编著
淡水小龙虾（克氏原螯虾）健康养殖实用新技术	梁宗林 孙骥 陈士海 编著
罗非鱼健康养殖实用新技术	朱华平 卢迈新 黄樟翰 编著
河蟹健康养殖实用新技术	郑忠明 李晓东 陆开宏 等 编著
黄颡鱼健康养殖实用新技术	刘寒文 雷传松 编著

香鱼健康养殖实用新技术	李明云 著
淡水优良新品种健康养殖大全	付佩胜 轩子群 刘芳 等 编著
鲍健康养殖实用新技术	李霞 王琦 刘明清 等 编著
鲑鳟、鲟鱼健康养殖实用新技术	毛洪顺 主编
金鲳鱼（卵形鲳鲹）工厂化育苗与规模化快速养殖技术	古群红 宋盛宪 梁国平 编著
刺参健康增养殖实用新技术	常亚青 于金海 马悦欣 编著
对虾健康养殖实用新技术	宋盛宪 李色东 翁雄 等 编著
半滑舌鳎健康养殖实用新技术	田相利 张美昭 张志勇 等 编著
海参健康养殖技术（第2版）	于东祥 孙慧玲 陈四清 等 编著
海水工厂化高效养殖体系构建工程技术	曲克明 杜守恩 编著
饲料用虫养殖新技术与高效应用实例	王太新 编著
龟鳖高效养殖技术图解与实例	章剑 著
石蛙高效养殖新技术与实例	徐鹏飞 叶再圆 编著
泥鳅高效养殖技术图解与实例	王太新 编著
黄鳝高效养殖技术图解与实例	王太新 著
淡水小龙虾高效养殖技术图解与实例	陈昌福 陈萱编 著
龟鳖病害防治黄金手册	章 剑 王保良 著
海水养殖鱼类疾病与防治手册	战文斌 绳秀珍 编著
淡水养殖鱼类疾病与防治手册	陈昌福 陈萱编 著
对虾健康养殖问答（第2版）	徐实怀 宋盛宪 编著
河蟹高效生态养殖问答与图解	李应森 王武 编著
王太新黄鳝养殖100问	王太新 著